薛丁格的貓

薛丁格的貓
50 個改變歷史的物理學實驗

作　　　者：亞當・哈特－戴維斯
翻　　　譯：張如芳
主　　　編：黃正綱
資深編輯：魏靖儀
責任編輯：許舒涵
文字編輯：蔡中凡、王湘俐
美術編輯：吳立新
行政編輯：秦郁涵

發　行　人：熊曉鴿
總　編　輯：李永適
印務經理：蔡佩欣
美術主任：吳思融
發行副理：吳坤霖
圖書企畫：張育騰

出　版　者：大石國際文化有限公司
地　　　址：新北市汐止區新台五路一段 97 號
　　　　　　14 樓之 10
電　　　話：(02) 2697-1600
傳　　　真：(02) 8797-1736
印　　　刷：博創印藝文化事業有限公司

2024 年（民 113）2 月初版十一刷
定價：新臺幣 380 元／港幣 127 元
本書正體中文版由
Elwin Street Productions Limited 授權
大石國際文化有限公司出版
版權所有，翻印必究
ISBN：978-986-94834-4-5（平裝）
總代理：大和書報圖書股份有限公司
地　　　址：新北市新莊區五工五路 2 號
電　　　話：(02) 8990-2588
傳　　　真：(02) 2299-7900

國家圖書館出版品預行編目（CIP）資料

薛丁格的貓　50 個改變歷史的物理學實驗
亞當・哈特－戴維斯 (Adam Hart-Davis) 著；張
如芳 翻譯 . -- 初版 . -- 新北市：大石國際文化，
民 106.6　176 頁；15.2× 21 公分
譯自：Schördingers cat : groundbreaking
experiments in physics
ISBN 978-986-94834-4-5（平裝）
1. 物理實驗

330.13　　　　　　　　　　　　　106008521

薛丁格的貓

50個改變歷史的物理學實驗

亞當·哈特－戴維斯（Adam Hart-Davis）／著

張如芳／譯

Boulder Media 大石文化

目錄

前言

　　物理學大概是最古老的科學，歷史非常悠久。自古人類對事物運作的道理總是充滿好奇，更有不少人絞盡了腦汁，想要解開自然界的祕密。想必曾經有成千上萬的原始民族坐在夜空下，看著月亮和星星在頭頂上移動，想不通發生了什麼事。每一種文化都有自己的傳說用來解釋天象和世界的創生，而物理學則是訴諸邏輯、推論，尤其是實驗，來尋求事實的真相。

　　天文學向來是科學發展的先鋒；我們用肉眼就能觀測天空，然後編列星表和星圖，註明奇特的行星運動，以及偶爾出現的流星、彗星和超新星。約公元1600年，望遠鏡的發明讓天文學的發展前進了一步，但因為天文學者不做實驗，所以本書收錄的天文學家很少。

　　恩培多克勒的漏壺實驗，和阿基米德在浴缸中的頓悟相隔了200年，在計算和理解的程度上也不可同日而語。希臘文明式微之後出現了一段停滯期，一直到伊斯蘭黃金時代來臨，阿拉伯科學家、工程師和鍊金術士才繼續帶領科學的發展。但之後又來了一段停滯期，直到哥白尼在公元1543年發表著作闡述日心說，和67年後觀察到木星的衛星，使哥白尼學說得到實證支持的伽利略出現後，才有了改變。

　　伽利略進行了一系列革命性的實驗，接著羅伯特·波以耳和牛頓建立了物理和化學的堅實基礎。後來的科學家憑著這些新的實踐方法和理論，測量出聲速、光速、地球質量和翅膀的空氣動力學。這些成果絕大部分

在歐洲完成，尤其是德國；後來美國開始嶄露頭角，從此一路領先。

到了19世紀末，科學界在短短五年間接連發現了X射線、放射性和電子，這些驚人的成果進一步造就了新的觀念、新的理論和新的實驗，並在20世紀初，在物質本質的理解上獲得了重大突破。

接下來的兩次世界大戰迫使科學家全心投入軍事研究，結果發明了雷達、微波，托克馬克反應器和核能發電。儘管如此，戰後基礎科學再一次蓬勃發展，尤其是太空人、天文物理學家和太空科學家開始深入探索宇宙的本質。望遠鏡被送上太空，在視野不受大氣干擾的地方觀測星空；電腦的運算能力則依據摩爾定律（Moore's Law，積體電路上可容納的電晶體數目以每二年加倍的速度增加）成長。

21世紀是「大科學」（Big Science）的時代，牽涉到史上規模最大、最昂貴的實驗；有的實驗動員了數以千計的物理學家，利用許多超級電腦來分析實驗產生的龐大數據流。

即使在這一切努力之下，物理學還是永遠研究不完。不論完成多少個實驗，每個實驗都會帶出新的問題，所以一直會有問題等待解答。

第一部：早期的實驗
公元前430年-公元1307年

古代的中國人是偉大的發明家，發明了像指南針、火藥、紙和印刷這些神奇的東西；還有張衡發明了了不起的地動儀，能偵測到遠處發生的地震。中國也出現偉大的天文學家，早在公元1054年就已經發現一顆超新星的存在。

古希臘人則對廣義的科學比較感興趣，尤其亞里斯多德（Aristotle）的著作詳盡地描述了物理學、生物學、動物學和其他科學。亞里斯多德本身不做實驗，但恩培多克勒（Empedocles；誕生年代遠早於亞里斯多德)、阿基米德（Archimedes）和埃拉托

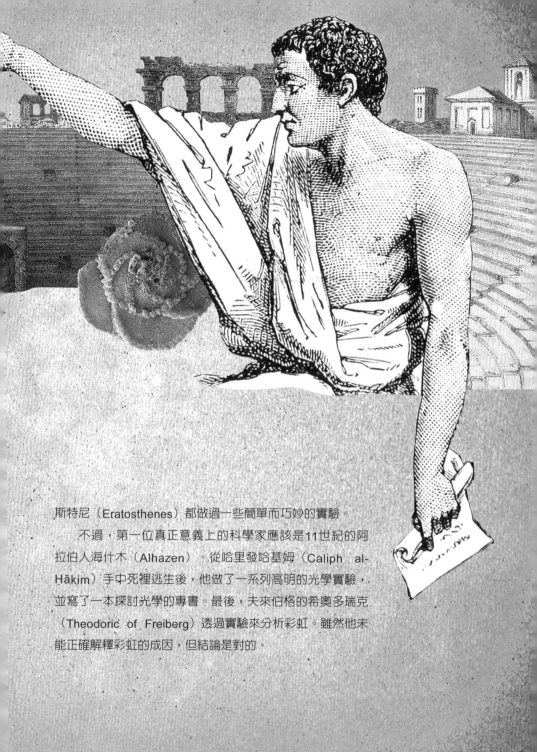

斯特尼（Eratosthenes）都做過一些簡單而巧妙的實驗。

不過，第一位真正意義上的科學家應該是11世紀的阿拉伯人海什木（Alhazen）。從哈里發哈基姆（Caliph al-Hākim）手中死裡逃生後，他做了一系列高明的光學實驗，並寫了一本探討光學的專書。最後，夫來伯格的希奧多瑞克（Theodoric of Freiberg）透過實驗來分析彩虹。雖然他未能正確解釋彩虹的成因，但結論是對的。

學者：
恩培多克勒（Empedocles）

學科領域：
氣體力學

結論：
空氣是物質

空氣是
一種「東西」嗎？

恩培多克勒探索萬物的根本

　　義大利西西里島西南海岸中央的亞格里琴托（Agrigento）鎮上遍布著精美的希臘神廟遺跡，一座接著一座，在陽光下傲然聳立山頭；另外還有一座輝煌的圓形劇場。在公元前第5世紀，鎮上住著一位名叫恩培多克勒的希臘哲學家。為了證明他對元素的看法，恩培多克勒作了一項目前已知最早的科學實驗。

四個元素

　　在此之前幾百年，就一直有人在思考、爭辯物體是由什麼構成的。泰勒斯（Thales）曾經提出是水，水可以變成冰和水蒸氣，所以或許也可以變成任何東西。也有人提出各式各樣物質的組合。恩培多克勒宣稱，萬物僅僅是由土、氣、火和水這四種元素（他稱為「根」）以不同比例混合而成，而且他說，每個元素都有回歸各自發源地的傾向，所以，土總是往下掉；水往海裡流；水中的空氣會變成泡泡往上升；火會想要往太陽的方向竄。這些元素是不變的。它們因為愛而在一起，但總是因為衝突而被拆散，所以經常處於變動的狀態。

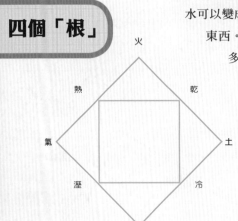

四個「根」

火
熱
乾
氣
土
溼
冷
水

但問題來了，有些犬儒人士說空氣不可能是元素。他們認為空氣就是空無一物，不能構成任何東西，所以不可能是根。恩培多克勒指出，水裡會出現上升的氣泡，既然能看見氣泡，那空氣必定是某種東西。但批評他的人還是不滿意；於是他設計了一個巧妙的實驗。

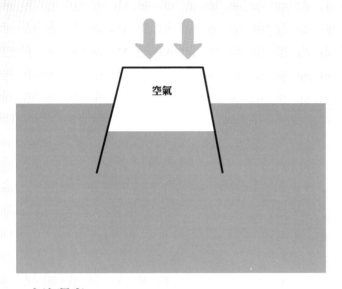

水淹漏壺

　　恩培多克勒拿他當作時鐘用的漏壺（clepsydra）來實驗。漏壺是一只陶罐，底部有小洞，可讓水慢慢流出。他用手指按住小洞，把水時鐘上下倒過來壓入海水中，然後再拿起來，結果陶罐內側的底部還是乾的，證明有東西把水擋在外面。這「東西」唯一有可能的就是空氣了，因此空氣確實是有東西的，不是空無一物。

　　土、氣、火、水四元素的觀念，一直到2000多年後羅伯特·波以耳（Robert Boyle）重新定義元素時才受到真正的挑戰。

火熱的結局

恩培多克勒相信自己是永生不死的,為了向追隨者證明這一點,他帶領眾人到西西里島東端的活火山埃特納山(Mt. Etna);據說他就在那裡跳進了冒著煙的火山口。

傳說中,他的一隻涼鞋被火山噴了出來,但再也沒有人見過恩培多克勒。聽起來他這個魯莽的舉動好像失算了,但也因此我們到今天都還記得他;所以說不定這才是永生不死的好辦法。

為什麼浴缸裡的水會溢出來？

阿基米德的頓悟

約公元前**240**年

學者：
阿基米德（Archimedes）
學科領域：
流體靜力學
結論：
發現浮力原理

公元前287年，阿基米德出生在西西里島的敘拉古（Syracuse），並一直居住在這裡，公元前212年羅馬入侵時被一名士兵殺害。他是古代最優秀的數學家。他最自豪的事情是，在沒有今日數學公式的幫助下，證明了一個剛剛好裝進密封圓柱的球（圓柱內切球；就像剛剛好裝進一個圓柱罐裡的橘子），其體積和表面積都是圓柱體的三分之二。他囑咐後人要把這個發現的示意圖刻在自己的墓碑上。這座墓碑在137年後，被一位羅馬演說家西塞祿（Cicero）發現而免於湮沒。

戰爭機械

阿基米德也是一位出色的工程師。公元前212年羅馬艦隊入侵時，阿基米德整合了各式各樣的禦敵武器，其中較著名的有投石機，和可以將敵人戰艦的一端吊離水面，然後使戰艦沈沒的

起重機，還有死亡光束：一大群士兵將擦亮的盾牌以某個角度擺放，把陽光聚焦到來襲的軍艦上，就能燒毀敵方船隻。

另外，阿基米德也悟出了槓桿原理和力矩。僅僅靠著一些滑輪的幫忙，他輕而易舉地移動一艘載滿重物的船，並說出這句名言：「給我一枝夠長的槓桿和一個支點，我可以舉起整個地球。」

真假王冠

不過，阿基米德最大的勝利是解決了真假王冠的謎題。暴君希倫二世（King Hieron II）給皇家金匠一塊純金（2磅，將近1公斤重），要他來打造一個全新的王冠。當漂亮的王冠做好後，希倫二世懷疑金匠偷工減料，用等重量的銀來替代偷走的金子。因此王冠的重量還是2磅，可是它是純金打造的嗎？希倫二世於是請阿基米德來鑑定王冠的真偽。這是個艱難的挑戰。王冠非常的精緻，形狀複雜，而且不允許對它造成任何破壞。當他思索著鑑定方法時，阿基米德不知不覺地來到了城中的一座公共澡堂。

這澡太重要了

當阿基米德剛剛踏入浴缸時，他注意到兩件事：第一，他把身體浸入水中時，水位上升了一點點而且一些水沿著浴缸壁流出。第二，他感覺輕飄飄的，幾乎沒有重量。他靈光一閃，根據傳說，他高興得跳出浴缸並大喊「尤里卡」（意思是「我發現了」或「我找到答案了」），連衣服都忘了穿，就這麼光溜溜一路跑回家。

他頓悟到二件重要的事情：

第一：當物體沉入水中時，它必須排開水——物體
　　　和水做了置換。

第二：任何在水中的物體會變輕，這是因為受到向
　　　上的浮力。此浮力等於物體所排開的水重。
　　　這就是阿基米德原理。

理論上，他可以把王冠放入裝滿水的桶中，然後測

量王冠排出的水的體積。從排出的水量可以知道王冠的體積，從體積可以推算王冠的密度，因為密度等於質量除以體積。

他知道2磅的純金體積是52立方公分。他預期，如果王冠裡摻了銀，那麼王冠的體積會增加，因為銀的密度小於金──所以同樣重量的金和銀，銀的體積會比較大。

阿基米德原理的運用

不過，要很精確地測量體積並不容易，所以，阿基米德大概是利用了他所想到的浮力。他向國王借了2磅重的純金，把同樣是2磅重的王冠與金塊放在天平兩端，然後把整個天平放進有水的浴缸中。如果王冠裡摻了銀，那麼體積會大於52立方公分，於是會受到較大的浮力──因為浮力大小和排開液體的體積有關；因此，若皇冠不是純金的話，他預期天平上放著王冠的那一端，受到的浮力會較大，就會向上翹起。

結果，天平上有王冠的那一端果然向上翹起。金匠確實偷工減料摻了其他的金屬，因此受到懲罰。

阿基米德寫了許多書籍，其中十幾本至今仍流傳在世，其中有《論球與圓柱》（On the Sphere and the Cylinder）、《論浮體》（On Floating Bodies）和《數沙者》（The Sand Reckoner）。《數沙者》這本書中，他為了算出需要幾粒沙才能把全宇宙填滿，而發明了一個全新的大數計算系統。

約公元前230年

學者：
埃拉托斯特尼（Eratosthenes）
學科領域：
幾何學
結論：
地球的周長約4萬公里

如何測量地球的尺寸？

太陽、影子，與早期希臘幾何學

公元前322年，亞歷山大大帝（Alexander the Great）在埃及尼羅河口創立了古希臘大城亞力山卓（Alexandria）。為了建造海港，他下令建造一條連接大陸和鄰近小島法羅斯島（Pharos）的防洪堤。在這座島上，他認為應該有一座燈塔。建成後這座燈塔就叫做法羅斯島燈塔，是古代世界七大奇蹟之一。

在公元前3世紀，亞力山卓城發展成古希臘的學術文化中心。在那裡有一座宏偉的圖書館，館藏有好幾十萬由羊皮紙或犢牛紙做成的書卷。大約在公元前240年，來了一位新任命的圖書館館長：他就是埃拉托斯特尼，一位想出方法來尋找質數的數學家。這個演算法之後稱為埃拉托斯特尼篩法（Eratosthenes' Sieve）。

質數

假設你想要找到介於2和50之間的所有質數（1通常不被當作質數）。把所有的數字寫在一個一個的格子中。將所有大於2的偶數刪除，因為這些數可以被2整除。將所有大於3、可被三整除的數刪除。像這樣重複刪除可以被5和7整除的數，最後留下來的就是小於50的所有質數：2、3、5、7、11、13、17、19、23、29、31、37、41、43和47。

測量世界的大小

埃拉托斯特尼也是一位地理學家，應該是古代世界最優秀的一位。根據兩項強而有力的證據，古希臘人知道地球是圓的。第一，當船駛離海岸時，船身由下往上漸漸不見。很快地，先是船身，然後是船桅從視線中消失。很顯然，這不是因為船變得太小而看不見，而是因為船越過了地平線。這種現象說明地球是一個球體。第二，他們了解月蝕是由地球的陰影造成的，而這個影子是圓弧狀的。

知道地球是一個球體後，埃拉托斯特尼接著想要知道它的大小。在距離亞力山卓城南方800公里處有一個叫賽印（Syene）的地方，就是今天的亞斯文（Aswan）。在那裡，位於尼羅河上，有一座名為象島（Elephant Island）的島，島上有一口井。埃拉托斯特尼注意到：在一年之中的夏至日正午，井裡的水面恰好會反映出太陽的倒影，這表示太陽必定正好在亞斯文天頂的位置。這口井仍然在原地，只可惜已經乾涸，布滿碎石，沒有任何倒影了。

測量太陽的偏角

回到亞力山卓城，埃拉托斯特尼在地面上垂直插了一根棍子。在夏至日正午時分，他測量了太陽與棍子間的偏角，也就是棍子頂端到棍影頂端之間的連線和棍子間的夾角。這個角度是7.2度（第19頁圖示中的角A）。

這個角度和圖示中的角A*的角度是相同的，因為這兩個角是平行線的截線的內錯角。角A*是以地球中心，亞力山卓城和賽印三點在圓上所構成的圓心角。利用這點，埃拉托斯特尼可以簡單算出：

- 地球中心、亞力山卓城和賽印城所構成的圓心角=7.2度。
- 亞力山卓城和賽印城的距離=800公里。
- 從亞力山卓城繞地球一圈回到原地=360°=50×7.2°。

因此繞地球一圈的長度是50×800=40000公里。

從亞力山卓城到賽印城的距離在當時已由官方度量得知（由訓練有素的測量員「*bematistoi*」邊走邊計算步伐數）。埃拉托斯特尼是以視距（stades），不是以公里，為單位來呈現他的計算結果。雖然我們已經無法得知視距的確切長度，不過就目前所知，他推算的地球周長非常接近現今精確的測量值3萬9840公里。

埃拉托斯特尼和大他約12歲的阿基米德是好朋友。阿基米德曾大老遠從西西里島到埃及來拜訪他的朋友，並很可能在那裡發明了阿基米德螺旋抽水機（Archimedes screw）。阿基米德螺旋抽水機至今仍用來汲取尼羅河的河水作為農業灌溉用水。

之後，阿基米德常寄給埃拉托斯特尼明信片（或古希臘類似的東西），上面有極複雜的數學謎題。其中一個是關於一大群各自有四種不同的顏色的母牛和公牛，題目是如何用一組數學式，解出公牛和母牛各有多少隻。其中的一個答案是個龐大的數字，甚至大到要用大於20萬位數才能表達。

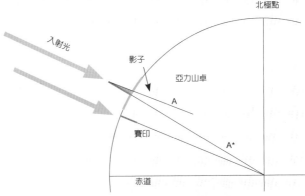

1021年

學者：
海什木（Alhazen）
學科領域：
光學
結論：
光以直線行進

光是怎麼行進的？

暗箱的發明

　　系統性實驗科學的開創者之一是阿拉伯人阿布・阿里・艾爾－哈桑・伊本・艾爾－哈桑・伊本・艾爾－海什木（Ab Al al-Hasan ibn al-Hasan ibn al-Haytham），簡稱伊本・艾爾・海什木（ibn al-Haytham），拉丁化之後的名字是海桑（Alhazen）或阿拉罕（Alhacen）。

　　公元965年，海什木誕生於現今伊拉克的巴斯拉（Basra），並在巴格達接受教育。在40多歲時，他聽說了埃及尼羅河年年氾濫所造成的災害，便草率地向哈里發哈基姆（Caliph al-Hakim）提出解決的辦法。哈里發哈基姆熱烈地歡迎海什木來到開羅，並派他到尼羅河去解決氾濫問題。

　　海什木想在今日的亞斯文蓋水壩的計劃是完全合理的，可是他錯估了問題的嚴重性。當海什木親自到了南方的亞斯文時，他赫然發現儘管大河分出了好幾條支流，寬度仍有大約1.6公里。以當時的科技，這個建造水壩的計畫是不可能實現的。海什木非常害怕承認自己的錯誤，因為他深知暴戾且不輕易饒人的哈里發哈基姆一定會砍了他的頭。於是，與其承認錯誤，海什木決定裝瘋。他持續裝瘋並被軟禁十年之久，一直到公元1020年哈里發哈基姆去世為止。

視覺是怎麼產生的？

在被軟禁的十年間，海什木透過一連串的實驗來研究光學。首先，他思考視覺是如何產生的。歐幾里德（Euclid）托勒米（Ptolemy）和其他學者曾提出，要能看見東西——比如說要能看到樹——我們先睜開雙眼，然後發射出一道光束來照亮樹；接著，光被彈回射入眼睛而形成影像。亞里斯多德（Aristotle）則認為物體的實際視像真的會進入眼中。

海什木強烈駁斥這些理論。他認為光已經在眼睛外面了。在白天，陽光照亮東西之後，例如樹、人和房子，陽光被物體彈回來傳入眼睛。他曾說：「從任何光照到的有色物體上，顏色與光會由被照到的點，以直線朝著各個方向發射。」我們僅需要張開雙眼，光就從外面湧入了。海什木解剖了公牛的雙眼來研究內部的組成，並畫了一幅詳盡的圖來說明人類眼睛的構造和視覺形成的原理。

海什木解釋在地平線附近的月亮看起來比較大，這是因為周圍有很多樹或其他的東西作對比，感覺上月亮離觀察者比較遠。相反的，當月亮獨自高掛天空時，它看起來比較近，導致月亮看起來變小了。

暗箱

因為陽光下的物體總是投射出輪廓清楚的影子，海什木猜測光是以直線進行的。為了提出有力的證明，他製作了一個暗箱：這是一個黑暗的小房間。在牆上有一個小孔，在對面則有一面白牆或螢幕。房間外，埃及的豔陽照亮大地。陽光透過牆上的小孔進入房間，在對面的牆壁上投射出一個影像。這個影像雖是上下顛倒、左右相反，但

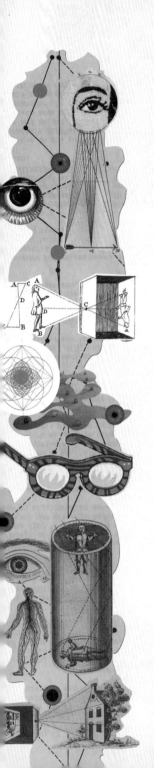

它清楚地呈現了房外的景象。影像不但是動態而且是彩色的，看過的人都很驚訝，因為這是前所未見的。

海什木解釋說，為了形成這樣的影像，房外的陽光必定是透過小孔以直線進入房間；否則，這個影像只會是一片模模糊糊的色團。

接著，他在晚上搭起了暗箱。此時，天是黑的，箱外唯一的光源是吊在樹上的三盞亮燈。在箱內，有三個亮點出現在牆上，對應著外面吊著的三盞燈。他證明了光是從小孔進來，而且是以直線到達每一個小點。只要把手放在光行進的路徑上，他就能攔截到形成任何一點的光。這是目前光是以直線行進最清楚的證明。

光學書

海什木也對透鏡、鏡子、反射、折射做了實驗，並且把他的這些理論和實驗寫成了一本關於光學的專書，書名就叫《光學書》（Kitab al-Manazir）。這是本在實驗科學上具開拓性質的書，幾世紀之後受到科學家如達文西、伽利略、笛卡兒和牛頓的推崇。他總共寫了200多本書，其中有50幾本還存留於世上。

然而，最重要的是，海什木可說是第一位科學家。他被尊為科學方法之父，對他人的結論心存懷疑，依據系統性的方法來觀察物理現象，並不斷審視實驗結果和理論之間的關係。

> 作為一位研究科學文獻的人，在找尋真理的前提下，他的責任是：要站在與自己所閱讀的東西的對立面，而且……從各個不同的角度去挑戰它。他也應該在操作關鍵性的實驗時，不斷質疑自己，以免落入了個人偏見，或對自己得過且過。

為什麼彩虹是彩色的？

了解光的各種行進路線

約**1307**年

學者：
夫來伯格的希奧多瑞克
（Theodoric of Freiberg）
學科領域：
光學
結論：
各種光束有特定的行進路徑

　　希奧多瑞克在公元1250年以前誕生於德國，後來成為一位天主教多米尼克修道會的修士。在1293至1296年間並晉昇擔任德國天主教的省會長。公元1304年在土魯斯（Toulouse）舉辦的全體大會上，艾默里克（Aymeric），也就是當時的教會總理，建議希奧多瑞克應該對彩虹做科學研究。

　　希奧多瑞克是位具獨立思考能力的人，不會只是保守地遵守既定規則和教條。例如他用德文布道，不用當時布道慣用的拉丁文，為的是讓大眾能了解他傳道的內容。

　　他具備獨立思考能力，就代表他探究問題時也很嚴謹、科學，是透過實驗結果而非道聽途說，來支持他論證過程中可能面臨的種種問題。

有關顏色光的錯誤理論

　　希奧多瑞克對顏色光的解釋具原創性，也經過實驗證實，不過理論完全是錯的。他沒有我們現在已知的連續光譜（紅、橙、黃、綠、藍、靛、紫）的概念，而是認為光有四種主要的顏色，紅、黃、綠和藍，其中紅和黃是「清晰」或半透明光，藍和綠則是「朦朧」或不透明光。

　　而且他認為如果光在一片玻璃的邊緣，或是水平面附近行進時，清晰光是紅的，但在中間遠離邊界時，則

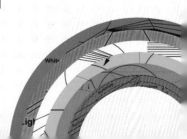

是黃的。如果介質是透明的，朦朧光是綠的，但如果介質是不透明的，朦朧光就會是藍的。

折射和反射光

希奧多瑞克利用實驗：讓陽光穿過一個玻璃稜鏡的方式，來檢驗他的想法。他預期從表面區域折射回來的是清晰光；從玻璃內較深處折射回來的是朦朧光。他也認為清晰光紅光會最接近表面；朦朧光藍光會離表面最遠，因為稜鏡的中間部分是最不透明的。因此，他預期顏色出現的順序是紅、黃、綠、藍。

當他仔細透過六邊形稜鏡來觀察陽光，或讓光線穿透稜鏡投射在螢幕上時，他看見：這些顏色果真是照他預期的順序排列。他的示意圖說明了他領悟出光被折射了二次，一次是進入稜鏡時，一次是離開稜鏡時，而且顏色是在稜鏡內部產生的。除此之外，示意圖也說明了光可能在稜鏡裡面受到反射。

光行進的路線

接著，希奧多瑞克拿了一個大的圓形玻璃燒杯，在裡面裝水來模擬一粒雨滴。然後，他的頭上下移動，透過燒杯來觀察太陽，發現顏色還是照先前的順序排列，但是上下的層遞順序反過來了：紅色在最上面，藍色在最下面，就跟彩虹上顏色的層遞順序一模一樣。他明白了層遞順序反過來的原因是因為光束在燒杯裡面做了反射，以及折射了二次。這在他畫的圖裡有清楚的說明。

因此，他說明了特定顏色的光通過燒杯時有特定的行進路線，而且顏色是在行進中產生的；這些顏色並不只存在於觀察者的眼中。

然後，他提出陽光通過雨滴的情況就像通過裝了水

的燒杯一樣；他假設雨滴是非常快速地落下，而且其他雨滴會很迅速地遞補上原先雨滴的位置，最後就像一片靜止的水簾那樣。

可惜，他的圖中顯示太陽距離觀察者只有像雨滴距離觀察者那麼遠，表示光束不是平行的。儘管如此，整個原理還是有可取之處，它的確解釋了彩虹為什麼呈圓弧形。

事實上，太陽是非常遙遠的。想像一條線從太陽經過觀察者的頭頂照射到地上，到觀察者影子的頂端。彩虹總是落在和這條假想線夾42度角的地方。所以彩虹的高度最多是42度仰角——是發生在當太陽光以和地平面平行的方向照射過來時，而且彩虹的形狀總是圓的一部分。如果從飛機上或高山上觀察，或許可以看到完整的圓形彩虹。

觀察者是不能到達彩虹盡頭的，因為它不是個實體，只是空中的一個弧狀天象，會隨著觀察者而移動。

希奧多瑞克測得彩虹最高點的高低角是22度。這件事令人匪夷索思，因為實際的數值是42度，而以當時他的技術是絕對可以精確測量角度的。

反轉

當希奧多瑞克把這個玻璃燒杯擺到正確的角度時，他觀察到第二道彩虹，這道彩虹的顏色上下層遞順序是反過來的，是藍色在最上面。這次他悟出光線在水珠裡被反射了兩次的道理。

雖然希奧多瑞克關於折射和顏色光的理論，以及對彩虹角度的測量完全錯誤，但他透過模型和科學方法來研究問題，為他人樹立了優良的典範：那就是提出一個假說，然後用實驗方法來驗證。

第二部：啟蒙時代
1308年-1760年

在黑暗時代，即使是哲學家似乎也傾向於接受宗教的教義，如果你問：「為什麼會發生這種現象？」，答案是：「這是上帝的旨意。」。然後，一些人開始尋求較邏輯性的解釋，並透過實驗來驗證他們的想法。英國哲學家法蘭西斯‧培根（Francis Bacon）在1620年代寫了幾本書，鼓吹經驗證據和實驗科學。

　　羅伯特‧諾曼（Robert Norman）和伽利略已是實驗科學的擁護者，更多的人後來也加入這個行列。艾薩克‧牛頓（Isaac Newton）在他發表的第一篇科學論文中展現了過人的才智。各個領域的科學家研究光速、聲速和藏在融化中的冰裡面的熱。牛頓在1687年發表的鉅作《數學原理》（Principia Mathematica）更是超越了所有人的成就。

1581年

學者：
羅伯特・諾曼（Robert Nor-man）

學科領域：
地球科學

結論：
一個能自由浮動的指南針明顯地傾斜指向地球表面

磁北極在哪裡？

追逐指南針

羅伯特・諾曼花了近20年的時間航海，最後在英國倫敦附近定居下來，並成為一位儀器製造員；他尤其專精於製造指南針，因為指南針是航海水手最重要的導航儀器。他用鐵來製造羅盤上的細針，之後再用一大塊磁石輕擦細針（一種具天然磁性，叫作磁鐵礦的岩石）來磁化它。

他對磁差這件事非常了解——指南針並不一定總是指向地理上的北方——但接著他又發現指南針的北極端還會往下、向地面傾斜。他稱這個現象為磁傾，並生動地描述了他看到這個現象，受驅使而去研究它的過程。

他注意到：即使是他最好的指南針，在一個微小的支點上平衡後，除了會轉向北方外，還會傾斜；所以他必須放一些秤錘在指針的南極端來保持水平。一天，在製作完一組非常精細的指南針和它的支點後，他發現指南針傾斜得很厲害；於是他開始削短指針北極端的長度，來減少傾斜。他寫道：

> 最後，我把它削太短了。這麼煞費苦心地修剪，最後指針卻面目全非。這令我非常生氣，於是決定對此效應一探究竟。

諾曼決定製造今日我們稱為磁傾儀的儀器，來研究這個效應，但是首先，他想要知道造成磁傾的原因是什麼；只是因為磁性的關係？還是針的北極端從磁石中吸收了「一些有重量的東西」？

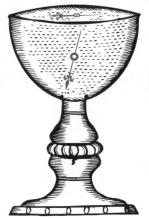

第一個羅盤

他放了一些小鐵片到一個平衡好的秤盤上，然後另一邊再用一些鉛片來平衡這些鐵片。接著，他用磁石來磁化這些鐵片，再把這些鐵片放回原來的秤盤裡。他的記錄如下：

> 你會發現這些鐵片和受到磁化前的重量是一模一樣的。除此之外，假如針的北極端從磁石那兒拿走了一些具有重量的東西，那麼南極端應該也會從磁石的另一端拿走有重量的東西。如此一來，傾斜效應就不存在了。

玻璃酒杯的實驗

> 現在，拿一段約5公分或稍長的鐵絲或鋼絲，再用力插入一個酒瓶的軟木塞中。這個軟木塞的大小要能撐得住在水中的鐵絲或鋼絲，且在靜止時，整個物體要能在水中間不沉也不浮。
>
> 接著，拿一個有深度的玻璃杯、碗、杯子或任何容器，在裡面裝一些乾淨的水，並把它靜置在一個沒有風，不受打擾的地方。做完這個步驟後，小心翼翼地慢慢修剪軟木塞，直到和軟木塞結合的金屬絲線能夠剛好保持在水平面底下為止，一共5到8公分長，金屬絲線的兩端和水平面保持等高，既浮不上來，也沉不

下去；就像是兩邊重量平均的天平桿。

換句話說，在把絲線用力穿過軟木塞後，諾曼小心翼翼地修剪軟木塞，直到插著金屬絲線的軟木塞能夠剛好浮在水面上為止。上面這段引言說整個東西是在水面下飄浮著，但是這不太可能；應該是整個東西有一點微微下沉。

他接著把插著金屬絲線的軟木塞從水中拿出來，用磁石來輕擦它，北端用磁石的北極，南端用磁石的南極，然後把它放回水中。「……然後應該會看到它馬上繞著自己的中心點旋轉，就像之前提到的傾斜效應一樣……」

這是一個讓指針能在三維空間旋轉的完美辦法，如此一來，它得以不受限地指向磁吸引力最強的方向。諾曼在當時是無法用機械方法來操作這個實驗的，因為過程中會產生太多的摩擦力。

測量緯度

他希望透過度量磁傾角這件事來製作一個能夠直接測量緯度的儀器。這個假設似乎是可行的，因為磁傾角（也就是傾斜的程度）會隨著觀察者逐漸接近北極而緩緩增加。可惜，事情並沒有想像中那麼簡單，但他的確製作出一個精緻的磁傾儀。

諾曼接著對我們今日稱為磁石的磁場產生疑問：「當然，我的看法是，如果能用任一方法令肉眼看見這個現象（磁力效應），我們會發現它在羅盤上是以球狀、一圈一圈繞著磁石向外延伸……」

這是一個很棒的想法，可惜諾曼最後沒得出威廉·吉爾伯特（William Gilbert）在幾年後所下的那個結論，就是地球本身是一個龐大的磁鐵，具有強力磁場，也是吸引羅盤上的指針最根本的原因。

大物體或小物體：哪一個落下得快？

重力和落體科學

1587年

學者：
伽利略‧伽利萊（Galileo Galilei）
學科領域：
重力學
結論：
物體等速掉落，和物體重量無關

　　伽利略‧伽利萊對早期實驗科學有舉足輕重的影響。他一生大多是在比薩、帕多瓦（Padua）和佛羅倫斯這些地方度過。他對世界萬物具有非常清晰及符合邏輯的看法。他寫道：「大自然的運作，如果只需少數幾個道理，那就無需依賴龐雜的事物。」。這就和奧坎簡化論（Occam's razor）的道理類似，意思是：如果必須從幾個具競爭力的假說中做選擇的話，應該要選假設條件最少的那一個。

　　他也寫道：「道理（指的是科學）是用……數學語言寫成的，它的字母是各種三角形、圓形和其他幾何圖案。」

　　他在1581年還是個習醫的學生時就出了名。有一天坐在華麗的大教堂裡，也許是因為冗長的布道很無聊，他開始注意教堂裡的大銅鐘，鐘因為風吹而輕輕搖晃。有一根從教堂的頂端垂下的鍊子吊掛著那一口鐘，然後緩慢地左右搖擺。他用他的脈搏來計時，驚訝地發現，不管搖擺的左右幅度是整整1公尺，或是區區幾公分，來回一週期所花的時間竟是一樣的。

單擺實驗

　　為了研究這個現象，伽利略回到家後拿了一些砝碼綁在繩子的一端做了一些擺錘。他發現不論是搖擺的幅度或是繩子上綁的砝碼重量，都不對實驗結果造成任何差別。唯一造成影響的是繩子的長度。若要單擺以慢兩

倍的速度來回一趟，他需要用四倍長的繩子才可以。我們現在知道所需的時間t，用秒數來計算時，可以用下列數學式表達：$t = 2\pi\sqrt{l/g}$，其中l是單擺的長度，g是重力加速度（每平方秒981公分）。

伽利略悟出單擺可以用來當作調節機械時鐘的好辦法，而且他構思出一套設計，只可惜直到1642年去世前都沒有把它做出來；第一個擺鐘在此之後15年，由荷蘭大學者克里斯蒂安・惠更斯（Christiaan Huygens）做出來。

自由落體

1589年，伽利略成為比薩大學的數學教授後，他開始思考亞里斯多德的某些主張，尤其是關於自由落體方面的。亞里斯多德曾主張大東西比小東西掉落得快；尤其是若實驗者拿兩個石頭，一個比另一個重兩倍，則較重的那個石頭會以兩倍快的速度掉落。

伽利略對這件事有所懷疑，於是決定做實驗來一探究竟。傳說他爬上了位於奇蹟廣場（Piazza dei Miracoli）上著名的比薩斜塔，讓幾個不同重量的球從塔上落下，然後測試球落下來的快慢。然而，這個實驗要成功做出來很困難，光要讓這些球同時落下就已經很不容易了；更何況在著地時，球的速度又非常快，幾乎無法知道那一瞬間發生什麼事，更別說能測出什麼有意義的數值了。

斜坡實驗

我們如今所知的是，伽利略沿著一根木條刻出一條凹槽，把它磨光，然後貼上羊皮紙。然後他托起木條的一端並撐住它，如此一來就能讓表面光滑的銅球在凹槽裡從上往下滾。利用這個斜坡面，他有效地減緩掉落的

速度，這樣他就能仔細地測量掉落的速度。

　　計時仍有困難，因為當時沒有精準的表或鐘；所以一開始他用他的脈搏來計時，後來用水鐘，最後用聲音。他在斜坡上方裝置了一連串的小鈴鐺，當這些球通過時會碰到這些鈴鐺而發出叮噹聲。藉由這些叮噹聲，他能夠好好判定球的速度。

　　伽利略把鈴鐺等距離沿著斜坡放置，接著讓一顆球滾下。球滾動的同時，他聽到叮噹聲的時間間隔離得愈來愈近；換句話說，球必定是一邊滾一邊加速。透過對鈴鐺的位置做各種不同的調整，他發現當它們在斜坡上的間隔距離是1、3、5、7和9個單位時，也就是離起點的距離各是1、4、9、16和25個單位時，叮噹聲的時間間隔會相同。接著，他證明了一顆球滾一個單位距離所需的時間是1秒；滾四個單位距離所需的時間是2秒；滾九個單位距離所需的時間是3秒；滾16個單位距離所需的時間是4秒；滾25個單位距離所需的時間是5秒。球滾過的距離和時間的平方成正比。

等加速度

　　他悟出了那顆球是以固定的速度加速，或如他所說的：「從靜止開始，在相同的時間間隔內，增加了同樣的速度。」

　　伽利略當時沒有可用的數學知識來解出運動方程式；這件事是在此之後幾十年，才由牛頓解出。然而，伽利略的確證明了無論多重或多輕的球，在斜坡上滑下的速度是一樣的。亞里斯多德完全錯誤。

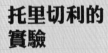

1648年

學者：
布萊茲・帕斯卡（Blaise Pascal）

學科領域：
氣象學

結論：
大氣壓力隨著海拔高度增加而減少

山頂的空氣比較稀薄嗎？

大氣的壓力

　　布萊茲・帕斯卡出生於法國盧昂（Rouen），是一位天才神童，後來成為一位數學家和物理學家。他發明並創造出一臺計算機，而且是純數學與數學機率的研究先驅。然而，是出自對伽利略與托里切利所做的實驗的興趣，才讓他發現了大氣壓力的變化。

伽利略和托里切利

　　在公元1642年伽利略去世前，托斯卡尼大公爵的水泵技師告訴他，抽水機抽水時，上升到10公尺時就再也不上升了。這件事讓伽利略感到困惑。他和去世時陪伴在身邊的學生艾凡傑利斯塔・托里切利（Evangelista Torricelli）討論過這個問題。

　　托里切利決定要探究這個問題。他利用密度是水14倍大的水銀，並推測在同樣的條件下，應會在低於1公尺的高度看到同樣的現象。

　　他做了一根約1公尺長的玻璃管，把一端密封起來，然後灌入水銀。接著，他用手指堵住開口，再把整根管子倒過來放入水銀槽中。結果，管中的水銀面下降到離槽中的水銀面約76公分高的位置。

　　大家對管中頂端空間的內容物有很多的爭論。托里切利說它是真空的，但是幾乎沒有人相信他；因為當時大家認為真空不存在。就像亞里斯多德說的：「大

托里切利的實驗

自然厭惡真空。」

　　托里切利也許有觀察到管中水銀柱的高度會隨
天氣變化而上下移動；果真如此的話，他其實就
發明出氣壓計了。然而，他在1647年去世，
也沒有機會再繼續研究下去。

帕斯卡的實驗

　　托里切利的實驗引起布萊茲・帕
斯卡很大的興趣，進而利用各種液體
來探討這種現象。他思考管內液體
會被向上撐的原因；是因為大
氣的重量往下壓著槽中的液體
嗎？那麼，在空氣較稀薄的山
頂上，向下壓的力量會減少嗎？
他於是大膽假設在山頂上，管中
液體的高度會下降。

　　在一番苦苦哀求後，帕
斯卡終於說服了他的姊夫弗洛
杭・佩希耶（Florin Périer）登
上一座死火山，在海拔1000公尺
高處操作這個實驗，以檢視他的想法。這座名為多姆的
山（Puy de Dôme）位於法國中部的克勒蒙費（Clermont-
Ferrand）。1648年9月19日，佩希耶在山下的一座修道院
測量完水銀柱的高度後，於早上8點鐘出發，並記錄：「
我測量到管內的水銀柱高度在離槽內的水銀平面上方約
66.8公分。」

　　接著，靠著幾位助手的幫忙，他費力地帶著1.3公尺
長的玻璃管和7公斤重的水銀終於來到山頂，在那裡他記

35

錄道：「發現水銀柱只高出槽內水銀液面約58.8
公分……我小心翼翼地重複測了五遍……每次
都在山頂上不同的地方測量……結果發現水銀
柱的高度都是一樣的……」換句話說，山上的壓
力很明顯地變小了。

帕斯卡原理

於是，帕斯卡有了強而有力的證據來支持他
的理論；的確是因為大氣的重量把細管內的水銀
或水柱往上撐。事實上，我們今天知道，在海平
面的大氣壓力約為每平方公分1.05公斤（psi），或
是稍大於10萬帕（Pa），1帕等於每平方
公尺1牛頓的壓力。

10萬帕的大氣壓力等於每平
方公分承受著1公斤的重量；也就
是說，我們手上的每一片指甲大
約受到1公斤的重量壓著。幸好，
我們的指甲下也都有強壯的肌
肉，能把力量穩穩地頂回去。

帕斯卡也證明了液柱底端的壓力和液柱的高度成正
比，並宣稱他把一個長10公尺的細管垂直插在一個裝滿
水的木桶上，當他從頂端把水注入管內時，可以讓木桶
爆裂。

他闡釋了在一個密閉的容器內，傳播至各方向的壓
力是相同的。這是今天所知的帕斯卡原理。他的發現造
就了注射器和液壓機的發明。

帕斯卡的實驗

為什麼輪胎要充氣？

氣壓和真空的力量

1660年

學者：
羅伯特・波以耳（Robert Boyle）、羅伯特・虎克（Robert Hooke）
學科領域：
氣體力學
結論：
一定量氣體的壓力與氣體的體積成反比

1627年1月25日，柯克伯爵（the Great Earl of Cork）的第七子，羅伯特・波以耳，在愛爾蘭南邊海岸的利斯摩城堡誕生。十幾歲時，波以耳隨著他的法文老師到歐洲旅行，在1642年伽利略去世前拜訪了伽利略。波以耳返鄉後立志要成為科學家，他加入了「無形學院」。這一個社團成員常在倫敦或牛津聚會交流，也孕育出許多「新哲學」，這個學院最終成為倫敦自然科學促進會（Royal Society of London for Improving Natural Knowledge），也就是現在的皇家學會（Royal Society）。

馬德堡半球

1654年，時任馬德堡市長（Magdeburg，位於現今的德國）的奧圖・凡・格里克（Otto von Guericke），同時也是一位有熱誠的科學家，他製造了一個空氣幫浦，利用這個幫浦來展示「真空」的力量，或更精確地說：大氣壓力。1657年，他利用幫浦把空氣從兩個30公分大的黃銅製半球中抽掉，如此一來這兩個半球被大氣壓力緊密地壓在一起。兩隊車馬都無法將這兩個銅半球分開，一直到他把空氣再次充入這兩個銅半球，它們才得以分離。

同一時間，波以耳在愛爾蘭繼承了一些土地，另外還有一些財

馬德堡半球

富，他在牛津定居下來。波以耳知道托里切利和帕斯卡做過有關氣壓的研究（見第34-6頁），也耳聞馬德堡半球的實驗，於是雇用了羅伯特·虎克打造了一個空氣幫浦，並用它進行一系列的實驗。他將這些結果紀錄在公元1660年發表的《物理機械新實驗：空氣的彈力與重量》（New Experiments Physico-Mechanical: Touching the Spring of the Air and their Effects）。

空氣幫浦實驗

波以耳和虎克可以做到把一個大的玻璃鐘形瓶裡的空氣幾乎抽光，讓內部幾乎是真空狀態；瓶內的壓力可能幾乎不到正常大氣壓力的十分之一。他們在裡面分別設置實驗後把空氣抽出。以下是他們的發現：

- 一個燃燒中的蠟燭熄滅了，所以空氣是燃燒的必要條件。
- 從外面聽不到裡面的鈴鐺作響，所以空氣是傳播聲音的必要條件。
- 從外面可以看見炙熱發紅的鐵塊依然發著光，所以空氣不是傳播光線的必要條件。
- 放入裡面的一隻鳥和貓死了，所以空氣是維持生命的必要條件。

J型管實驗

在波以耳和虎克的實驗裡，一定量的空氣被底部的水銀封在管子的密閉端，如同最左邊的圖示。實驗者可以把這整個東西放入空氣已抽出的大玻璃鐘形瓶裡，來減少對J型管封閉端氣體的壓力；或把更多的水銀從另一開口端倒入，來增加對封閉端氣體的壓力，如左邊的第二個圖示。

波以耳和虎克注意到，壓力減少會導致氣體體積增加，壓力增加則導致氣體體積減少。但這時的波以耳並未把詳情記錄下來。

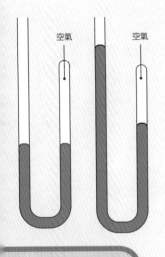

空氣　　空氣

J型管

在這同時，在蘭開夏（Lancashire）湯利廳（Towneley Hall）的李察·湯利（Richard Towneley）和醫生亨利·包爾（Henry Power），也用J型管分別做了他們自己的實驗；1661年4月27日，他們將「山谷的空氣」樣本裝在J型管封閉端，帶到彭德爾山丘（Pendle Hill）上300公尺處。在大氣壓力較小的山頂，他們發現空氣的體積變大了。接著，他們將「山上的空氣」樣本裝在J型管封閉端，再帶到山下，在山下，空氣的體積變小了。

那年冬天，湯利和波以耳討論這個實驗，並提出體積和壓力之間可能有逆相關。於是波以耳自己做了些定量的實驗，並非常詳細地記錄自己的觀察結果；結論是一定量氣體的壓力與氣體的體積成反比。這就是後來所稱的波以耳定律，但是虎克、波以耳本人以及牛頓都稱它為「湯利先生的假說」。

空氣的彈力

波以耳想像個別的空氣粒子就像毛線卷一樣，被施壓時，可以像彈簧一樣壓縮起來，但當壓力減少時，又會反彈回來。這就是為什麼他提出空氣彈力的概念，也就是為什麼我們在車子和腳踏車裝上充氣輪胎，空氣彈力抵消了路面不平的感覺。

氣壓計

根據一個說法，托里切利並未注意到管內的水銀柱不是每次都上升到一樣的高度，波以耳和虎克卻注意到了，他們心想這樣的高度變動是不是與潮汐有關。經查證後，他們發現水銀柱的高度與漲退潮無關；他們發現水銀柱的高度在天氣晴朗時往上升，在壞天氣時會往下降，尤其是在暴風雨天的時候。因此，波以耳和虎克是氣壓計真正的發明者，而不是托里切利——雖然他的確啟發了他們。

1672年

學者：
艾薩克‧牛頓
（Isaac Newton）

學科領域：
光學

結論：
白光是由所有彩虹色混合
而成

「白色」
是一種顏色嗎？

揭開自然界白光的秘密

艾薩克‧牛頓是個體弱多病的男孩。在1642年耶誕夜出生時，他實在很瘦小、虛弱，沒有人認為他能撐過那個晚上。在他3歲時他的父親去世了，母親改嫁給一位富有的牧師，把牛頓託付給精力有限的外祖父母撫養。他在孤獨中長大，性格內向，但他對特定範圍內的問題有非凡的專注力：例如彩虹的顏色到月亮、行星運行的軌道。正因如此，他或許可說是有史以來最偉大科學家。

1660年代後期，經他設計打造出一臺反射望遠鏡——是世界上最早的其中一臺。之後他又做出第二臺。在那之前，他已被授與劍橋大學盧卡斯（Lucasian）數學教授席位，並在他的課堂上介紹了他的望遠鏡。當望遠鏡公諸於世後，皇家學會票選他成為學會的一員，並詢問牛頓過去還曾做過哪方面的研究。他在一封日期為1672年2月6日的信上做了回答，並在信中詳細地描述他用稜鏡做的實驗。

光譜

「在我把房間變得一片黑暗後，我在關緊的窗戶上鑿了一個小孔，讓適量的陽光透進來，再把我的稜鏡放在光的入口處，使光能夠折射到對面的牆上。」

牛頓驚訝地發現，實驗產生了一個長度為寬度五倍

的光譜。接著，他嘗試調整稜鏡的位置，比方說，把它放到窗外、讓陽光通過稜鏡比較厚的地方，或是把小孔變大。這些事都對結果沒有影響，於是他總結這必定是陽光折射所產生的結果。

他小心翼翼地測量房內的室內距離，並計算各個光的折射角度，結果顯示藍光受到比紅光更大的偏折。牛頓宣稱在光譜中可以看到七種顏色：紅、橙、黃、綠、藍、靛和紫。大部分的人只能看到藍色，雖然確實是有不同色度的藍。牛頓的眼睛也許對長波長藍光特別敏感，或者是他決定應該要有七種顏色，因為「7」這個數字對他來說有謎樣的重要性。

> 接著我開始懷疑，是否光束……不是以弧線進行，根據光束多少有點彎的樣子，達到牆上各種不同位置。有一件事更加深了我的懷疑，那就是我想起常會見到一顆被網球拍斜斜擊中的網球，就是以這種弧形移動。

當網球旋轉時，一邊會比另一邊受到更多的空氣阻力；他揣測同樣的情形也發生在光粒子上。因為他相信光是由一顆顆微粒子組成的。但他證明了光束事實上卻是以直線前進的。

接著牛頓進行了他所謂的判決性實驗（*Experimentum crucis*）。他在一片厚紙板上鑿了一個小孔，把它放

在稜鏡和牆壁的中間，如此一來他就能一次把一個顏色獨立出來。當某個特定顏色的光，例如綠光，通過這個小孔後，他讓這個綠光再次通過第二個稜鏡。他發現綠光能再次被折射，且在牆上還是形成一道綠光。第二次折射的角度跟第一次是一樣的。他證明了綠光仍然保持著綠光，他既不能改變綠光的顏色，也不能再把綠光分解成其他的顏色。

什麼是白光？

他對陽光下了總結：「是由具不同折射性的各種光組成的……根據它們可折射的程度，達到牆上各個不同的位置。」換句話說，白色的陽光是由各種顏色混合而成。這些顏色因為穿透稜鏡時折射角不同而分開。「為什麼彩虹的顏色會出現正在掉落的雨滴中，顯然也是因為這個原因。」

最後，他利用一個透鏡（或者說是第二個稜鏡）將所有的顏色又混合起來，變成了白光。在寫在一旁有四段文字的註解中，他自己明白了為何天文反射望遠鏡不會出現彩色暈紋（一種總是發生在以透鏡為主的傳統望遠鏡上的現象），以及他如何製造一臺這樣的反射望遠鏡，當新月時，牛頓用它來觀察圍繞著木星和金星的衛星。

牛頓接著又說：「自然界中所有物體的顏色只有以下這個來源：物體具備各式各樣的反射能力，反射某種色光的能力遠大於反射其他種色光的能力。」在被他弄暗的房間裡，牛頓把各種物體放在他的光譜顏色當中，他證明了物體可以是任一種顏色，但是「當他們被自己白天所呈現的顏色照射時，看起來最鮮明、飽滿」。

光是以
有限的速度前進嗎？

尋找光的速度

1676年

學者：
奧勒·羅默
（Ole Rømer）
學科領域：
光學
結論：
羅默測得光速約為每秒21
萬4000公里

光的速度極快；的確曾有幾百年的時間，大家認為它的出現是一瞬間的事——從A點到B點，光不需要花任何的時間。

伽利略不相信這件事，他嘗試在1667年測量光的速度。他手提一個燈籠站在山上，讓他朋友手提著燈籠站在距離約1.6公里外的另一座山上。伽利略先打開自己的燈籠蓋，當他的朋友看到對面山頭的燈光後，也要立刻打開自己的燈籠蓋。伽利略看到光在四分之一秒內返回，這大概是他的朋友看到光後做出動作所需的反應時間。伽利略總結光的速度太快，無法以這種方法測量到。

在接近30歲時，丹麥科學家奧勒·克利斯汀森·羅默應邀從哥本哈根到巴黎，他成為了皇家數學家（Royal Mathematician）及法王路易十四兒子的老師。他在巴黎天文臺（Royal Observatory）做了很多的研究。當時天文臺的館長是義大利天文學家喬凡尼·多明尼哥·卡夕尼（Giovanni Domenico Cassini），也就是發現土星光環縫隙的人。這個縫隙直到今天仍稱作卡夕尼環縫（Cassini division）。

木星的衛星

卡夕尼當時正在尋找在海上找出所在經度的方法。伽利略曾提出一個可能，他建議：觀察在1610年所發現的木星四大衛星。這些衛星以固定的週期繞著木星運行，尤

其是木衛一伊奧（Io），是伽利略衛星中最近的一個，跟我們的月亮大小差不多，繞一圈只需要不到兩天的時間。

當這些衛星位於木星的其中一側時，可以從地球上觀察到，接著，衛星消失進入這顆大行星背後的陰影裡，然後又會離開陰影重見天日。如果一個水手能夠測量伊奧從消失到重見天日所花的時間，然後把這段時間與已知的觀察表相互對照，應該就能得知他的所在地的經度，因為這段時間會因觀察者在地球上所在位置不同而有些不同。

但是還有問題無法解決。比方說，為了等待伊奧重見天日，觀察者必須連續觀察好幾分鐘，這在天空多雲的時候，執行起來很困難，甚至根本不可能。而且，從陸地上的一個固定點觀察衛星倒還簡單──觀察者只需要一個雙筒望遠鏡或是一個小的天文望遠鏡就夠了，但要在一艘航行中、搖搖晃晃的船上測量卻幾乎不可能。因此，這從來不是能實際測量到經度的好辦法。

儘管如此，巴黎皇家天文臺的天文學家之前已經收集了大量伊奧重見天日的數據，而卡夕尼也已經發表了圖表，預測從地球上幾個不同的觀測點能見到這個現象的時間點。

發現異常之處

羅默覺得這些數據令人匪夷所思。這些圖表似乎有些奇怪，老是需要偶爾校正一下，但是，這些異常反覆出現，需要校正的誤差又與地球和木星的相對位置有關。

有幾個月的時間，從地球上是觀測不到木星的，這是因為木星運行到太陽的正後方，或是因為太接近太陽而被太陽光芒遮蔽。然而，當木星再次能夠見到時，它離地球很遠（如對頁圖中的距離A）。當地球繼續在自己的軌道上運行，它會穩定地航向木星，直到抵達離木星最近的位置（如對頁圖中的距離B）後，才逐漸地遠離。

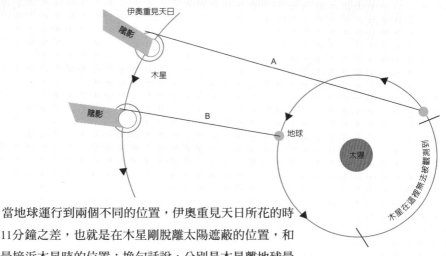

當地球運行到兩個不同的位置，伊奧重見天日所花的時間有11分鐘之差，也就是在木星剛脫離太陽遮蔽的位置，和地球最接近木星時的位置；換句話說，分別是木星離地球最遠和最近的時後。這代表了光從這兩點傳到地球的時間，因為這兩段距離的不同（A減B）而造成11分鐘的傳播時間差。

羅默當時沒有地球到太陽距離的精確數字，但是利用當時最好的估算值，他能夠算出在這11分鐘內光到底行進了多少距離，然後解出光速是每秒21萬4000公里。這比現今接受的數值大概低了25%（約每秒29萬9792公里），但是這是史上第一次測量，以當時面臨的種種困難來說，這兩個數字已是出奇地近。

聰明的預測

1676年9月羅默預側，在11月9日伊奧將會比表上的時間推遲10分鐘現蹤，最後證明他是完全正確的。

雖然如此，館長卡夕尼不接受他的說法，導致羅默從未正式發表他的結論。然而，他造訪英國時，發現牛頓和愛德蒙·哈雷（Edmond Halley）兩人贊同並支持他。回到哥本哈根後，他成為了皇家天文學家（Astronomer Royal）和皇家天文臺的館長。

1687年

學者：
艾薩克·牛頓
（Isaac Newton）

學科領域：
力學

結論：
除非受力，物體以等速直線
前進

「蘋果掉下來」
的故事是真的嗎？

運動定律

牛頓誕生於英國的林肯郡（Lincolnshire），那也是1665年劍橋大學（Cambridge University）因瘟疫而閉校時，牛頓回去的地方。他在那裡待了18個月，大概就是在這段期間，他完成了他最多最重要的科學實驗——個性孤獨的他在這時期有充足時間可以思考。

傳說他看見蘋果從樹上掉下來，牛頓家門前長了一棵非常老的蘋果樹，牛頓心想一定是某種東西把蘋果從樹上拉了下來；所以這個拉力從地球向上延伸，至少伸到了蘋果樹的頂端。這個拉力可以延伸到月球嗎？果真如此的話，它就可能對月球的運行軌道造成影響。還是說，它是造成現今月球運行的原因？

據推測，他拿了母親的土地所有權狀，用背面來做計算，他發現當物體位置愈高，吸引力愈少，而且他猜出引力減少的程度和物體與地心的距離的平方值成反比。他聲稱他的計算結果：「似乎可以完美地解釋這個現象。」他進一步猜想這類吸引力也發生在其他軌道形式的運行上，並且把它取名為萬有引力（universal gravitation）。

在此之後近20年再也沒有人提起這件事。後來，三個朋友愛德蒙·哈雷（Edmond Halley）、羅伯特·虎克（Robert Hooke）和克里斯多夫·任（Christopher Wren）照例在倫敦的一家咖啡館聚會，結果為了一顆彗星以何種軌跡接近太陽而爭論起來。虎克宣稱他可以用數學來計算軌道，但實際上他失敗了。

造訪劍橋

哈雷是牛頓的少數幾個朋友之一，他在1684年到劍橋拜訪牛頓。他問牛頓一個彗星的軌跡會是什麼樣子，假設吸引力的反平方定律成立。牛頓不加思索地說，將會是一個橢圓形。他說他老早就知道了，因為他之前就做過計算，但是當時他怎麼翻箱倒櫃都找不到這個先前的計算記錄。於是他承諾會再重算一遍並把結果寄給哈雷。

當年的11月，牛頓發表了這篇論文，題為《物體在軌道中之運動》（De motu corporum in gyrum），解釋了反平方定律；之後，又在1687年的鉅作《自然哲學的數學原理》（Philosophiae Naturalis Principia Mathematica），一般簡稱《原理》（Principia），做了解釋。

在這本用拉丁文寫成的艱澀的書中，牛頓不但闡述了反平方定律和萬有引力的概念，更闡明現今所知的牛頓運動定律（Newton's laws of motion），雖然其中的前兩項定律已廣為人知。《原理》為經典力學奠定了基礎。

蘋果的故事

威廉・史都克力（William　Stukeley）是古物收藏家、歷史學家、考古學家和研究巨石陣（Stone-henge）的先驅。他也是牛頓的朋友和他的第一位傳記作者。史都克力生動地（也驕傲地）記錄了1726年4月15日發生的事：

> 我拜訪了艾薩克・牛頓爵士……和他共度了
> 一整天。晚餐後，天氣很迷人，我們於是
> 坐在花園裡的蘋果樹下喝茶。在對話中他
> 告訴我，事情的經過是這樣的；蘋果自
> 樹上掉下這件事，第一次讓他注意到萬

有引力：為什麼這個蘋果，總是一成不變地垂直往地下掉呢？為什麼不往上、往旁邊或斜斜地掉下來呢？

這樣的問題，史都克力說：「在他的腦海裡縈繞著，」而且「從此之後，他開始思考，於是發現這個由物體展現的普遍力量所產生的模式和定律，並把它們運用在天體運行、物質的凝聚上，揭開了宇宙真正的道理。」

牛頓的助理，約翰‧康德爾特（John Conduitt），也在他1727年出版的牛頓傳記裡提到了那顆蘋果：「1666那年，他再次離開劍橋回到林肯郡他母親的家。當時他在花園沉思散步，突然靈光一閃，（那個把蘋果從樹上拉下來的）重力引力並不受限於離地球某一段距離時才發生，而是這個力量必定是延伸到比我們原先認為還要更廣更遠的地方。」

牛頓至少跟兩個人說過這個蘋果的故事，但那是在他聲稱故事發生後的60年，很有可能這個故事只是他編造出來的。

為什麼他要編造這個故事呢？

一直到1682年，從牛頓的信中可以看出，他相信行星是以旋渦狀繞著太陽運行，類似水流進排水孔的樣子，也就是笛卡兒（Descartes）原先提出的觀點。但是1682年出現的哈雷彗星顛覆了這種想法，因為它有一個反向的運行軌道，也就是往後移動：跟所有的行星反方向。

然而，1674年虎克就已經撰寫了有關於重力的想法，而且已經快解出它的數學方程式。牛頓怎麼樣也不肯承認虎克贏了他；所以有一個可能是，在這件事之後很久，牛頓編造了蘋果的故事，用來證明他在遠早於虎克的1666年，就已經解開了問題。

冰是熱的⋯⋯嗎？

電流體的本質

1760年

學者：
約瑟夫・布雷克（Joseph Black）
學科領域：
熱力學
結論：
冰變成水和水變成水蒸氣時需要熱

雖然約瑟夫・布雷克誕生於法國的南部，但他擁有蘇格蘭血統，這是因為他的父親是一位酒商，他的家人在波爾多（Bordeaux）擁有一間連棟式別墅，還有一座附有農場的葡萄園。

他回到寒冷的伯發斯特（Belfast）上學時，一定受到了衝擊而覺得糟透了，之後他進格拉斯哥大學（Glasgow University）就讀，在那裡學習科學和醫學。在1750年早期攻讀博士學位時，布雷克成為第一個將單一氣體純化出來的人，「凝固的空氣」，也就是我們現稱的二氧化碳。

融化中的雪

1755和1756年的冬天特別嚴寒，在1757年布雷克成為格拉斯哥大學教授之後，他開始思考有關於冰和雪融化的問題，並在他的課堂上說：

> 如果仔細注意冰和雪融化的過程，不管它一開始有多冷，都能夠很快地被加熱到融點，或者說表面過不久就開始變成水。假使⋯⋯它們完全從冰變成水只需要再多加一點點的熱，那麼一塊大小可觀的冰應該只需要幾分鐘就可以融化了。果真如此的話，將會發生前所未

見、無法抵擋、非常可怕的洪流和大水災。

　　但事實上，雪和冰可以撐過好幾個星期甚至好幾個月，布雷克於是總結冰和雪不是那麼容易融化的。但是為什麼呢？

　　他觀察到：「即使沒有溫度計，我們可以察覺到熱會從較熱的物體往四周較冷的物體方向擴散，一直到熱度均勻分布……也就是熱形成一個平衡的狀態。」

　　利用溫度計，他測量出當他把約半公斤重的熱水倒入約半公斤重的冷水，最後這約一公斤水的溫度會介於剛開始的兩個溫度中間。

　　接著他進行了一個冰的實驗。他把水裝到兩個一模一樣的燒杯，然後將A燒杯冷卻到接近冰點（攝氏0度），將B燒杯冷卻到攝氏0度以下一點點，恰好讓裡面的水變成冰。他把這兩個燒杯並排著掛在一間無風的房間，然後靜靜等待水溫上升到房間的溫度。A燒杯的水花了半個小時，但是B燒杯的水卻花了超過十個小時。很顯然，冰變成水需要熱，之後溫度才會繼續上升。

潛伏的熱

　　布雷克把用手可以感覺到的熱，也就是可以測量到、可用溫度來表達的熱，稱為「顯」熱（sensible heat），而稱冰融化所需的這些額外的熱為「潛伏」熱（latent heat），意思是藏起來的熱。

　　為了測試他的理論，他又拿了兩個燒杯，將C燒杯裝水，再將D燒杯裝了水和酒精的混合物。他在裡面各放了

一根溫度計，然後在寒冷的夜晚把它們放到屋外。這兩個燒杯內的溫度漸漸地都降到攝氏0度。接著C燒杯的溫度維持在攝氏0度，且溫度計的周圍結了冰。D燒杯的溫度則繼續往下降，因為水和酒精的混合物並沒有結凍。

燒開的水

他用同樣的方法研究燒開的水，這個實驗每個人都可以試試看，只需要一根測量的溫度範圍是介於攝氏零下20度到攝氏110度的溫度計。

將溫度計放入一鍋水中，然後放到爐子上加熱。溫度會漸漸上升到攝氏100度，接著水開始沸騰，但是水溫不再上升了。即使用爐子加入更多的熱，水只是滾得更快，但水溫維持不變。

燒開水需要熱。熱用來給水分子足夠的能量，讓它從液態逃脫變成氣態，這個也是潛伏熱——蒸發的潛伏熱。

詹姆斯・瓦特和他的分離式冷凝器

布雷克發現的潛藏熱引起很大的迴響，並在1765年激勵他的朋友詹姆斯・瓦特發明了可以轉換蒸汽引擎效率的分離式冷凝器。

1766年布雷克轉到愛丁堡大學教書，他的很多學生是威士忌蒸餾酒廠商的兒子。他們問他為什麼要用到那麼多燃料才能將蒸餾器變熱呢？威士忌也因此變得昂貴。他的回答很簡單：潛伏熱。必須提供能量讓液體變成氣體，之後才能再次冷卻變成威士忌。

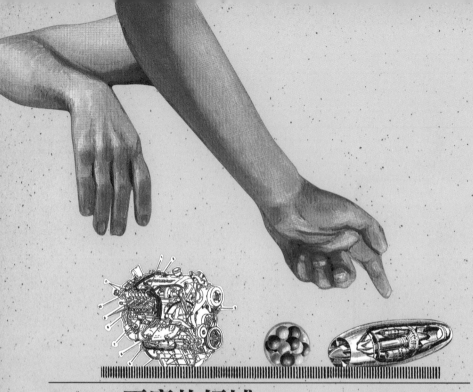

第三部：更廣的領域
1761年-1850年

到了18世紀，科學家向更廣泛的事物挑戰。測量地球質量這件事在牛頓的時代看起來一定是不可能的任務。但在18世紀，有兩種測量方法出現了，分別由一位不情願的天文學家和一位隱居的天才來實現。

電池發明出來後，從此改變了科學和整個世界，因為它為新科學奠定了基礎，也讓我們今天能用到手邊這些電子裝置。有耐心的啤酒釀造商詹姆斯・焦耳（James Joule）花

了好幾年的時間研究出熱功當量,即使其他科學家對他的研
究結果有所懷疑。

　　關於光的本質和特性,有更多爭議出現了。當電和磁的
關係被點出時,麥克法‧拉第(Michael Faraday)和其他
人紛紛加入研究的行列,並應用他們的發現,製造出電動馬
達、變壓器、電磁鐵和直流發電機。

1774年

學者：
內維爾·馬斯基林（Nevile
Maskelyne）
學科領域：
重力學
結論：
地球不是空心的，而是有一
個金屬核心

有辦法測量
世界的質量嗎？

利用山脈做的偉大實驗

在1687年牛頓所寫著名的《原理》一書中，他提到一個鉛錘（綁在一條繩子一端的重物）總是會垂直向下指向地球中心，除非附近有一座山。在這個情況下，鉛錘會因為山的質量所產生的引力，而稍微被拉往旁邊一點點。他說這是「山的吸引力」，但他認為實際上這個引力太小，難以測量得到。

測量山的吸引力

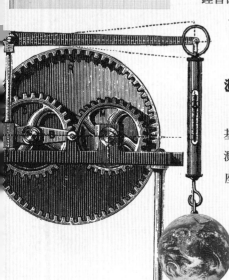

在此之後80年，皇家天文學家內維爾·馬斯基林想到如果測量得到這個效應，那麼就能作為測量地球質量的一種方法。如果一個人能夠在一座山的旁懸掛一個鉛錘，看看它被山往旁邊拉了多少，接著估算出山的質量，那麼就可以解出地球的質量。這很重要，因為同樣的方法能應用在計算月球、太陽還有其他行星的質量上。於是，1772年他向皇家學會（Royal Society）提出這個研究計畫。皇家學會通過了這個計畫，並派遣測量員查爾斯·梅森（Charles Mason）到蘇格蘭附近，騎馬去找尋一座合適的山。經歷了一整個夏天漫長的旅途，他返回後報告他能找到最合適的山是一座名為希哈利恩（Schiehallion）的山，位在伯斯（Perth）北邊72公里處。

誰該去執行呢？

　　梅森說什麼也不肯去執行這個實驗；馬斯基林則馬上推說他太忙了，藉口說他可是皇家天文學家——這就代表他必須從國王那裡得到許可。可惜事與願違，國王完全贊成這件事，准他暫時離開崗位去執行這件任務。不情願的馬斯基林只好離開他那位於格林威治（Greenwich）的安樂窩，搭船往北航行到伯斯，在那裡改騎馬，繼續朝蘇格蘭高地（Highlands）前進。

在山上

　　希哈利恩是一座高1083公尺、形狀狹長的山，大致是東西走向。馬斯基林在山的南部半山腰的地方紮營。他有一間簡陋的小屋、一個大帳篷、精準的擺鐘和一座向皇家學會借來的3公尺長的天文望遠鏡。他計劃利用觀察頭頂上的星星來精確定位他的所在地，其中他利用鉛錘來決定「垂直」的方向。很不幸的，山裡有許多雨和薄霧，導致有整整兩個月的時間他完全無法做任何觀察。於是，他又多花了一個月的時間才弄清楚自己的位置。

　　接著他出發繞到山的北邊——光這個行動就用掉了整整一週，然後他作了同樣的勘測。同時，一組駐點在簡陋營區的測繪員則帶著鏈條（用來測量長度）、氣壓計（用來測量海拔高度）、經緯儀（用來測量角度）和其他的測量儀器在山間跋涉。他們記錄了數以千計不同

地點的角度和海拔高度，並算出馬斯基林的兩個營地之間的距離。

差異

馬斯基林利用頭頂上的星星和手上的鉛錘算出兩個營地的視位置，並計算出兩地相隔的距離。結果，他和其他測繪員的測量值只相差了436公尺，這是因為他採用了大山吸引力造成的偏移垂直線來做計算。

這個差異比他預期的還要小，這代表地球的平均密度比山的平均密度還要大得多，推翻了早期地球像網球一樣是中空的理論。相反地，馬斯基林提出，地球一定有一個金屬地核。

現在，他唯一要做的事就是算出山的質量，這樣就能推算它的密度——也就是單位體積裡的質量——但是他必須想辦法先找出這座形狀奇怪的山的體積。

計算體積

為了這件事，他找了一位數學家朋友來幫忙。查爾斯·赫頓（Charles Hutton）想到他可以利用測繪員那裡所有的高度數據來解出山的立體形狀。他在報告裡寫下他把所有高度相同的點用鉛筆輕輕畫線連起來，這樣做能讓他立刻得知山的形狀。換句話說赫頓首創了等高線。

知道山的體積後，馬斯基林和赫頓可以推算出它的質量，也就是地球的質量，其結果是50垓公噸，也就是5乘以10的21次方公噸。在上一世紀，牛頓推算地球的質量是60垓公噸，也就是6乘以10的21次方公噸，這反而才是比較精確的數字。儘管如此，馬斯基林的壯舉仍是人類測量地球質量史上第一次的嘗試。

有辦法測量世界的質量嗎（不利用山的情況下）？

另一個測地球質量的辦法

1798年

學者：
亨利・卡文迪西（Henry Cavendish）
學科領域：
地球科學
結論：
地球的質量是$6×10^{24}$公斤

約翰・米契爾（John Michell）受聘為劍橋大學的地質學教授，他教算術、幾何、神學、哲學、希伯來文和希臘文。但他37歲就離職去擔任約克夏（Yorkshire）索恩希爾（Thornhill）的聖馬可和諸天使（St. Michael and All Angels）的教區牧師。這是一份待遇優厚的工作，他大概是想要有更多的金錢和時間去做科學研究。從1784年寫給皇家學會（Royal Society）的信上可得知，他是第一個提出黑洞想法的人。他也設計、打造了一個測量地球質量的裝置，但是始終沒有機會去做這個實驗。在1793年去世後，他把這個裝置留給了他的朋友亨利・卡文迪西。

亨利・卡文迪西是位很特別的人。今天我們也許會說他患有亞斯伯格症。他是兩位公爵的孫子，非常的富裕，還在自己位於英國倫敦克拉珀姆公地（Clapham Common）的房子裡建了一間自己的實驗室。有人說他是有學問的人中最富有的；也是富有的人中最有學問的。

安靜的天才

卡文迪西總是穿著一身皺皺的服裝，頭戴一頂三角黑帽。他非常害羞，不喜歡跟人接觸。他難得說話時，聲音非常尖，而且猶豫不決，也因為如此，他幾乎從不說話。他的一位同事曾說他一生說過的話大概比一個天主教特普拉派的修士還少。他會參加皇家學會，不過，也是一語不發。

在1766年他分離出氫氣——有史以來第二個被分離出來的純氣體——發現它非常輕而且易燃。引燃它跟空氣的混和物後，唯一的產品是水，化學式是H_2O。雖然他告訴過詹姆斯‧瓦特（James Watt）這件事，卻是由詹姆斯‧瓦特在1783年把這個資訊發表出來。

測量世界的質量

卡文迪西把米契爾的儀器設置好，準備用來測量地球的質量，他想檢驗20年前馬斯基林的發現。這個實驗是真的比較簡單，是前面那個山的吸引力實驗的改良版本，不過這個實驗沒有利用到山而是利用鉛球。

實驗中，一條又長又細的線懸吊著一根水平置放、長約1.8公尺的木棍。在木棍的兩端各有一顆直徑5公分、重0.73公斤的鉛球。各在這兩顆球的逆時鐘面，23公分遠的地方，有一顆直徑30公分、重159公斤的大鉛球。

實驗的想法是這些小球會從這些大球那裡受到萬有引力，因此會微微地被拉往大球的方向；木棍就會因此旋轉，直到絲線所產生的反向扭力跟大小球之間的引力剛好平衡為止。卡文迪西已知這些小球的質量——也就是和地球之間的吸引力。假設他可以測量和大球之間

的吸引力，那麼他就可以推算出地球和大球之間的質量比。

敏感的裝置

　　這個裝置靜放了好幾個小時才穩定下來；這個實驗是敏感到只要有微微的風或是一點點溫度變化，就會功虧一簣。於是，卡文迪西把它隔離放在一個獨立的房間，從外面的控制裝置來調整它，並用天文望遠鏡透過窗戶來觀察。

　　一旦裝置穩定下來，小球一動也不動時，卡文迪西記錄它們的位置，然後把大球分別移到小球的另一側讓小球被拉往另一個方向。當小球再次穩定不動時，他發現小球只移動了4.1公釐。卡文迪西以驚人的準確度測量到這個數值，也因此推算出把它們往旁邊拉的力量大小。

**卡文迪西
實驗**

　　這股力量非常微小——大約15奈克，就像一粒小小的沙那麼重——但這就足夠了。為排除任何可能發生的錯誤，卡文迪西格外小心。由他的數據推算出地球的平均密度是水密度的5.4倍，而地球的質量也很接近現今的接受值5.97垓公噸，也就是5.97乘以10的21次方公噸。

　　現在，物理系的學生經常做這個實驗。雖然這個實驗的想法和裝置來自約翰‧米契爾，然為紀念實際操作它的人，我們仍稱它為「卡文迪西實驗」（the Cavendish experiment）。

1799年

學者：
亞歷山德羅・伏打
（Alessandro Volta）

學科領域：
電學

結論：
為科學拓展了幾個新方向

沒附電池嗎？

製造第一個電池

古時後的人就已經知道靜電——「電子」
（electron）這個字來自希臘的同義字，意指琥珀，因為
古希臘人知道要產生靜電，可以拿一條布來摩擦琥珀。

班傑明・富蘭克林（Benjamin Franklin）以放入雷雨
雲裡的風箏，來說明閃電只是一種電的形式，不過在他
那個時候，依然沒有人能夠駕馭閃電。為了要研究
「電流體」的性質，科學家必須要有可以持續製
造穩定而少量的電的方法。

動物電

事情一開始是發生在1780年的波
隆那大學（University of Bologna），
義大利科學家盧易奇・賈法尼（Luigi
Galvani）正在研究動物是由電所驅動的
這個想法。他忙著解剖青蛙時，突然看到
這隻青蛙的腿抽動了一下。當時在實驗桌上
的這隻青蛙離靜電發電機很近。後來他把它
放在一個跟鐵接觸的黃銅鉤子上晾乾時，蛙腿又
抽動一次。這些觀察結果支持賈法尼的理論，那就是電
來自這隻青蛙，儘管牠已經死了很久。在那同時，在帕
維亞大學（Pavia）擔任自然哲學（物理）教授的亞歷山
德羅・伏打對賈法尼描述的蛙腿抽動現象很有興趣，不
過他不相信有動物電這種東西。他認為電來自兩種不同
金屬的接觸。他在1793年和1794年發表了自己的想法，

並展開了對電的研究。

不同的金屬

伏打拿了像硬幣一樣的一片鋅片和一片銀片，把它們並在一起，然後用舌頭觸碰，發現居然會感到一陣刺痛。於是，他想到了一個很棒的點子來放大這個效果，他做了很多像這樣兩片不同金屬合在一起的東西，並以這個東西為單位把它們一個一個串連起來。

可是，單單連結「鋅─銀─鋅─銀」是沒有用的，因為在每一個單位的連接點，這個效果自然會互相抵銷。所以他要做的是用某種東西把每一個單位的連接面分開。這個東西要能夠導電，但不是金屬，換句話說，是個非金屬的導電體。他採用泡了鹽水的厚紙板。接著，他做了一疊以下列重複順序排列的東西：「鋅─銀─厚紙板─鋅─銀─厚紙板─鋅⋯⋯」。這個裝置後來稱為「電堆」（pile）或「電池」（battery）。

最初他的裝置大概只能產生幾伏特的電，但已足夠產生真正的電擊，當裝置的兩端以一條電線連接起來時，也足以產生火花。

伏打在1799年有了這項發現，並把它展示給拿破崙看，令拿破崙印象深刻。不過，更重要的是，他在一封日期是1800年3月20日，寫給英國皇家學院院長（the President of the Royal Society in England）喬瑟夫・班克爵士（Sir Joseph Banks）的長信裡描述了他的實驗。這封信翻譯自法文，並於6月26日在學會上宣讀：

> 我預備了幾打銀製的小圓碟或圓盤，大約直徑2.5公分長，和相同數量、幾乎同樣尺寸的鋅製圓碟。我又準備了⋯⋯幾片能夠吸收和保留鹽水的圓型的厚紙板⋯⋯。

被電到的痛

伏打的信裡描述了如何用一條粗電線來連接電堆柱的底部和一碗水。「現在，任何人將一隻手放進這碗水裡，另一隻手拿金屬片來觸碰電堆柱頂端，會經歷電擊和一陣刺痛感，這股痛會延伸到浸在水裡那隻手的手腕那麼高，甚至有時候還會傳到手肘那麼高……。」

他也說：「把電堆柱的兩端各自連接一根探針，然後把兩根探針的另外一端分別放進兩耳的話，聽力將會受到嚴重的影響。」

現在回想起來，伏打當時做的只不過是引起火花和讓他自己觸電，不過這只是開始。班克宣讀了這封信後，其他的科學家立刻跟進也做了他們自己的電池，製造出連續的電流；這在以前是不可能辦到的。

其中一個用處是，他們得以探索材料的特性，因此發現導體和絕緣體。他們得以研究電本身的性質，因此發現和電有關的電壓（單位稱作伏特以紀念伏打）、電流（安培）、電阻（歐姆）等。

化學反應裡的電

在倫敦大英皇家科學研究所（Royal Institution），漢弗里·戴維（Humphry Davy）做了一個巨大的電池並透過它做出令人驚嘆的化學反應。他認為兩個不一樣的金屬放在一起必定能造成某些化學反應，因此產生電。他推測應該可以反過來利用電來讓化學反應發生。最後他真的分離出（有史以來第一次）鈉和鉀這兩種金屬元素。

今天我們用的大多物品似乎都依賴電。伏打的實驗或許是科學史上最有創意的實驗之一。

光散開時
會發生什麼事？

楊氏雙狹縫實驗

1803年

學者：
湯馬士・楊（Thomas Young）
學科領域：
光學
結論：
光是以波的形式行進，真的嗎？

在1672年那篇他發表的有名論文裡，和1704年出版的《光學》一書裡，牛頓用了光「線」（rays）這個詞，但是隨著書中內容的推演，他漸漸傾向「光是粒子」這個想法，後來這個想法就稱為牛頓的光的微粒說。荷蘭大學者克里斯蒂安・惠更斯（Christiaan Huygens）不同意這個理論。他認為光是由波組成的，於是這個爭論持續了幾百年。

是粒子還是波？

湯馬士・楊是在眾多領域都很有成就的一位大學者，19世紀初他發表一系列描述光折射的論文。他最後站在波動論這邊，因為他的實驗結果支持這樣的觀點。他已知兩個稍微不同的樂音作響時，他可以聽到差拍，這是因為聲波干涉效應。他推測如果光真的是以波的形式行進，那麼他應該也能測出光波干涉效應。

他照著牛頓的作法，在緊閉的窗戶上鑿了一個小洞，用黑色紙把它蓋起來，紙上用細針穿了一個非常小的孔。接著，他放了一面鏡子讓進來的陽光可以穿越房間直接打在對面的牆上：

> 我讓光束照射一條寬約0.085公分的小紙條，並觀察它投在牆上或是投在各不同距離位置的卡片屏幕上的影子。結果，除了陰影的兩邊可以看到各種顏

色的條紋，陰影本身也被類似的平行條紋所分割。

　　類似這樣的實驗中，最著名的是讓光束通過紙卡上兩道平行的狹縫，然後投射到一個探測屏上。這個就是一般人所知的「楊氏實驗」（Young's experiment），雖然沒有證據顯示楊氏在實驗中真的用到兩道狹縫。

干涉現象

　　如果光是由古典粒子所組成的，那麼後面的探測屏幕上應該只呈現兩條亮光。但實際上出現的是一排明暗相間的光條紋。

　　每道狹縫可視為一個新光源來發散出一組新的光波。從A狹縫散發出的波峰和從B狹縫散發出的波峰在探測屏幕上的同一位置相遇時，就會產生一條亮紋。從A狹縫發散出的波峰和從B狹縫發散出的波谷相遇時就會互相抵消，在屏上產生一條暗紋。

　　最後的結果是明暗相間的條紋橫跨在這個探測屏幕上。造成這個現象的唯一原因是這兩道光束的折射和干涉作用，這也代表光是以波的形式前進。雖然楊做實驗時既小心又仔細，而且也進一步提出合理解釋，可是很多科學家還是不願意相信他，因為偉大的艾薩克・牛頓怎麼可能是錯的呢？一直到在此之後50年，科學家發現光在水裡行進得比較慢，大家才恍然大悟原來他才是正確的。

　　探測屏幕上接連兩條亮紋之間的距離值是光波波長的函數，因此會隨著光顏色不同而有所改變。

粒子圖案

波動圖案

光現在被認為是以波包（packets of waves）的形式前進，稱為光子（photons）。有一件驚人的事情是楊當時不可能知道的，那就是用極微弱的光來做實驗時，才可能發生的一種結果：隨著科技的進步，科學家可以讓光子一次一個抵達雙狹縫。照理，每一個光子只能通過一個狹縫，所以光子應該直直往前進，因為不會有其他光子來干涉。這些通過的單一光子理應抵達探測屏幕形成一個一個的亮點。

　　假設螢幕是照相機的感應器，可以經由長時間的曝光來形成影像，那麼上述的實驗裡，科學家預期會看到粒子圖案漸漸形成（見64頁左圖）。

　　錯了。這時再次形成的會是亮紋狀的圖案（見64頁右圖）。突然，我們進入了量子力學的詭異世界。根據量子力學，任何的單一光子並不一定同時只出現在一個地方。假設它有30%的機率通過A狹縫，70%的機率通過B狹縫，那麼，量子力學主張單個光子兩個狹縫都可以通過，而且產生自我干涉。

是波也是粒子

　　換句話說，光子同時具有粒子性和波動性；稱為波粒二象性（wave-particle duality）。這些相信粒子論的人，說到底也不算真的錯了。

　　1961年，科學界發現電子也有同樣的現象；電子必定是粒子，因為它具有質量，但也具有波動性。1974年，科學的實驗又發現單個電子會形成干涉圖案。

　　理察・費曼（Richard Feynman）稱：

一個不可能用古典物理的方法來解釋的現象……卻蘊含了量子力學的核心道理。

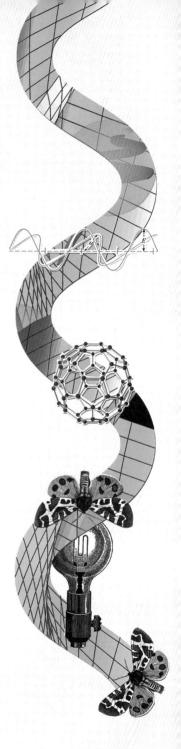

1820年

學者：
漢斯・克里斯蒂安・奧斯特
（Hans Christian Ørsted）
麥克・法拉第
（Michael Faraday）

學科領域：
電磁學

結論：
可以把電和磁結合在一起運作

磁可以生電嗎？

發現電磁作用

電池在當持已出現約20年了，各領域的科學家也使用電池來做實驗，但是從未有人有系統地去研究電流和磁場的之間的關聯。

1820年4月21日，漢斯・克里斯蒂安・奧斯特，一位哥本哈根大學（University of Copenhagen）的物理教授，正在為學生上課做準備時，注意到實驗桌上羅盤的指針突然跳動一下。這是在他接通電池的瞬間發生的，而斷電的瞬間，又會再跳動一次。

這並不完全是偶然的發現，因為之前他就已經在尋找電與磁之間的關係了。於是，他開始深入研究這個現象，發現導線內的電流會產生圍繞著導線的螺旋狀磁場，就像手臂外的一條袖子那樣。三個月後他在只於私人圈內發行的小冊子上，發表了這個結果。

巴黎

巴黎綜合理工學院（French Academy of Sciences）的弗朗索瓦・阿哈哥（François Arago）和安德烈—瑪麗・安培（André-Marie Ampère）知道奧斯特的成果後，也加入了論辯的行列。安培表示兩根負載電流的平行電線，如果電流方向相同，會互相排斥；電流方向相反，就會互相吸引。他進一步推導出數學公式，來解釋這個現象：安培定律（Ampère's Law），這個定律是說兩條這樣的電線之間，作用力和電流的強度成正比。

倫敦

　　奧斯特的成果也傳到了倫敦的皇家研究院（London's Royal Institution），在那裡，漢弗里・戴維（Humphry Davy）和威廉・海德・沃拉斯頓（William Hyde Wollaston）開始著手製造電動馬達（electric motor），不過失敗了。戴維當時的助手是麥克・法拉第（Michael Faraday）。他聽見戴維和沃拉斯頓談論他們的電動馬達後，就開始自己思考這個問題。

　　1821年9月初，法拉第用了一週時間做了一系列的實驗，探討指南針靠近有電流的導線時，指南針和導線之間的吸引力和排斥力。他把觀察的結果畫下來，結果完成了一個示意圖，上面畫著一條電線繞著羅盤（也就是磁鐵）的一端旋轉。這個觀察後來啟發他做出了馬達的雛型。

第一具馬達

　　一開始的電動馬達只是個簡單的裝置，分別有兩只盛裝水銀的玻璃杯。在左邊，電流從一根由上往下剛好碰到水銀面的黃銅硬棒裡通過，同時，讓一根磁鐵棒以杯底為支點，能夠繞著這根硬棒旋轉。

　　在右邊，一條硬電線從上往下鬆鬆地懸吊著，一個固定的磁鐵則由杯底從中穿過水銀液，突出液面來。通電後，電線產生和磁鐵互相排斥的磁場；結果在左邊，可動磁鐵繞著

簡單的
電動馬達

+　　　　　　　　　　　　－

黃銅硬棒旋轉；在右邊，可動電線則繞著固定的磁鐵旋轉。

　　法拉第對於這個結果感到非常興奮，這是他的第一個重大發現，於是在沒有詢問或感謝戴維和沃拉斯頓的情況下就發表了他的結果。這讓沃拉斯頓震怒，聲稱法拉第剽竊了他的想法，從此兩方爭論不休。

　　戴維在1829年去世。法拉第終於可以毫無顧慮繼續研究電學和磁學，很快地他有了一生中最重要的發現，那就是一塊磁鐵可以讓導線線圈產生電流：這就是電磁感應（electromagnetic induction）。他用一個鐵圓環，環上繞著兩個互相絕緣的線圈；他讓電流通過其中一個線圈的那一刻，會導致另一個線圈產生瞬間電流。法拉第也發現磁鐵移動穿過導線線圈時，線圈內會有電流產生；在靜止的磁鐵上方移動線圈時也會發生同樣情形。這些實驗證明了一個改變中的磁場會產生電流；換句話說，機械能量可以轉換成電能。這些發現後來成為製作變壓器和發電機的理論基礎。

力線

　　法拉第幾乎沒有上過學，也沒有受過數學訓練。但他卻能利用力線來描述磁場。他把一張紙放在一塊磁鐵上方，覆蓋過磁鐵的兩極，然後在上面鋪灑鐵銼屑。這些鐵屑馬上形成弧狀的圖案，正好顯示出磁場的空間分布。

　　1845年，法拉第證明了強力的磁場能讓偏振光轉變偏振方向，接著又發現某些物質對外加磁場會產生微弱的斥力，這就是抗磁性現象（diamagnetism）。

有可能拉長聲波嗎？

位移會如何改變聲調

1842年

學者：
克里斯第安·安德里亞斯·都卜勒（Christian Andreas Doppler）

學科領域：
聲學

結論：
聲波會隨著觀察者與聲源之間的相對運動而壓縮或延長

在奧地利（Austria）薩爾茲堡（Salzburg）出生長大的克里斯第安·都卜勒因身體虛弱，沒能繼承父親的事業成為一名石匠。他轉而研讀數學和物理，在1841年波希米亞（Bohemia）的布拉格理工學院（Prague Polytechnic）謀得職位。

短短一年後，他在38歲這一年發表了他最重要的成果：〈論雙星和其他星體的顏色〉，雖然原文是以德文寫成。在這篇論文裡，他說光是一種波動，而光的顏色取決於光波的頻率。

接著他提出發射源或觀察者移動時，波的頻率會發生改變，他用一艘船來比喻。一艘迎風行駛的船，會比行駛在風前面的船更快遇見海浪；所以船的移動會影響船遇到海浪的頻率。他提出聲波和光波也有同樣的情況。

都卜勒效應

一輛緊急救難車——救護車、警車或消防車——駛向觀察者時，觀察者會聽到警鈴愈來愈大聲，不過音調也值得注意，車子駛過觀察者時，警鈴的音調開始下降，隨著車子逐漸遠離，警鈴的音調繼續變得更低沉。

會發生這樣的現象，是因為當車子駛向觀察者時，聲波聚了起來。從發射源發射出的每一個聲波，波峰比起前一個發出的波峰稍微更靠近觀察者。所以比起車子完全靜止的情況，這些波峰彼此間的距離稍微更接近了一

長波長
低頻率

短波長
高頻率

些。如果波峰彼此間的距離更短，那就代表聲波的頻率也隨之增加。當車子遠離，從發射源發射出的每一個聲波，波峰比起前一個發射出的的波峰稍微更遠離觀察者，於是把聲波拉長了，意思是波的頻率也隨之減少。

打個比方，當一隻鴨或鵝游入水中，在前面的水波會因為擠壓，波與波的距離更靠近，在旁邊或後方的水波則分散開來。

雙星

在1842年他發表的論文裡，都卜勒提出星星的自然色是白色或淡黃色，接著，他提出：朝地球方向接近的星星看起來會比一般更藍；遠離地球的星星看起來則會比較紅。

兩顆非常靠近的星星稱作雙星（binary stars），經常會繞著彼此週期性地快速旋轉。天鵝座的輦道增七（Albireo）是有名的雙星；兩顆星當中比較大的星，顏色略泛紅，比較小的星則是鮮明的藍色。都卜勒為此下了結論：較大的星正在遠離地球，而較小的星則正在接近地球。

都卜勒表示，一般來說若兩顆星的亮度相等，則顏色互補。但是若亮度不相等，則較亮的星較重，另一顆則會繞著它旋轉。輦道增七的情況是較大的星只有略泛

紅，同時另一顆非常的藍，這就表示主要是這顆藍色的星，在一顆幾乎靜止、略呈紅色的星星周圍移動。

他舉週期變星（periodic variable stars）為例，大部分的時候它們是肉眼看不見的，可是有時會突然出現，而且看起來紅紅的。他解釋這是因為它們大部分的時間釋放的是紅外輻射，所以肉眼看不見，不過它們是雙星，在軌道上繞著一個沒被看見的夥伴。某一刻在軌道上，它們加速得夠快，所以輻射線位移到可見光的紅光區域，因此突然變成肉眼可見。

今天的天文學家利用都卜勒效應來測量星體和星系與我們的相對運行速度。這些往我們靠近的星星看起來比較藍——因為它們發生藍移現象；遠離我們的則發生紅移現象。1929年愛德溫‧哈伯（Edwin Hubble，見第136頁）利用都卜勒效應——星系的紅移——來說明宇宙正在膨脹。

1848年伊波利特‧菲佐（Hippolyte Fizeau）發現電磁波也有都卜勒效應；因此在法國有時稱它為「都卜勒—菲左效應」（Doppler-Fizeau effect）。

都卜勒效應的實際應用

警察利用雷射槍來取締超速的駕駛。超音波從雷射槍發出後，遇到車子後彈回，槍可以偵測到這個反射波頻率的變化，警察就能藉此探知車速有多快。

醫生也利用類似的科技來測量血液的流速，舉例來說利用超聲波來測量頸動脈。只要把儀器以正確的角度靠在脖子上，醫療人員就能測量血液的流速。

振動也可以利用雷射都卜勒振動器來測量。把雷射放在要測量的東西的表面，靠反射回來的光束，儀器就能辨別振動的型態。

1843年

學者：
詹姆斯·普雷斯科特·焦耳
（James Prescott Joule）

學科領域：
熱力學

結論：
產生一點熱需要很多的能量

需要多少能量
才能把水燒熱？

熱的本質

早在1798年，一位在巴伐利亞（Bavaria）工作、好奇心旺盛的美國間諜：馮·倫福伯爵（Count von Rumford）發現他試著用一把很鈍的鑽頭來摩擦砲管時，會產生大量的熱。他認為這些熱是因為運動才產生的，而且必定與鐵粒子的某種運動有關。

不過可惜的是，當時大部分的人認為熱是一種以液體形式存在的實體。當觀察者把一件熱東西擺在一件冷東西的旁邊，一些液體會滲出，流入冷的東西裡，因此冷的東西溫度會升高。法國科學家拉瓦節（Lavoisier）稱這些液體為熱液體（fluid caloric）或是熱質（calorique），認為它是不能被創造或毀滅的。

水蒸氣或是電力？

詹姆斯·焦耳出生在英國北方沙爾福（Salford），繼承父業成為一名啤酒商。不過他對電學很有興趣，他在屋子裡做過各式各樣的電學實驗。當時他正思考是否應該用新發明的電動機來替代蒸汽機，之後在1841年他發現：「任何伏打電流作功所產生的熱，與電流強度的平方及導體電阻的乘積成正比。」。這件事可以用下列方程式來表達：熱和〔（電流）^{2}×電阻〕成正比。這就是焦耳第一定律（Joule's first law）。

焦耳研究了蒸汽機，並計算出即使是最好的柯尼氏（Cornish）蒸汽機，它產生的能量竟然還不到鍋爐所產

生熱的十分之一；也就是說，它們的效率不到10%──比一匹馬的效率還低，他總結道。

他注意到在一些他做過的電實驗裡，電路的零件會變熱。根據熱質說（caloric theory），這些熱質（caloric）必定是從其他的電路零件而來，因為熱質既不能被創造也不能被毀滅──但是焦耳的實驗做得非常仔細，他發現根本沒有東西溫度變低。因此，絕對是電產生了熱。

還有一個例子是，如果實驗者把緊握在拳頭中的一條繩子快速抽離手中，那麼手掌會嚴重灼傷。沒有任何液體參與這個過程──只有物體的移動。於是，焦耳決定深入研究各種形式的運動到底能夠產生多少熱。

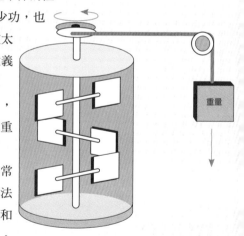

焦耳槳輪
實驗

槳輪

他做了一個剛好可以放進水槽裡的槳輪，然後把一條末端綁著重物的線繞在輪軸上，利用重物往下掉的拉力來帶動槳輪。他知道重物掉下來時作了多少功，也能測得微量的溫度上升。不過，溫度變化實在太小，所以他必須不斷重複實驗，才能得到有意義的數值。

在一組實驗中，他讓重物往下掉了11公尺，把它重新卷好、架好，再讓它掉下去，就這樣重複了144次──然而水溫只上升了一些些。

焦耳也利用電來加熱水，還迫使水流過非常狹窄的管子。根據傳說，他把趁著蜜月去測量法國南部薩朗席瀑布（Cascade de Sallanches）頂部和底部的溫度差。可惜，加溫的效果應該非常小。其實即使是尼加拉瀑布（Niagara Falls）也只能讓水溫上升攝氏五分之一度。

他總共用了五種不同讓水變熱的方法，得到以下結

論：平均來說，要讓0.11公斤的水溫度上升攝氏0.55度，實驗者需要讓362公斤的重物往下掉30公分。

不受重視並遭拒

焦耳在1843年英國科學協會（British Association for the Advancement of Science）的會議上宣布了他的實驗結果，最後得到一片沈默。他提出的理論很具爭議性，導致他很難在主流期刊上發表他的研究成果。

麥克·法拉第後來對他的研究產生興趣，他表示「受到震撼」，雖然還是有些存疑。威廉·湯姆森（William Thomson），也就是後來的克耳文勳爵（Lord Kelvin），原本心存懷疑，但後來在焦耳度蜜月時他們又碰了面，湯姆森漸漸開始同意起焦耳的觀點。在1852年和1856年間，他們頻繁地書信往來，並共同發現了焦耳—湯姆森效應：高壓氣體經過真空管，降壓後膨脹，膨脹需消耗氣體本身能量，於是降低了溫度。這個過程就是現在所有冰箱、冷氣和熱泵的基本運作原理。

終於，焦耳的研究被廣泛接受了。為紀念他的貢獻，國際單位（SI）中的能量單位就用焦耳（joule）。今天我們了解到熱功當量是1卡等於4.2焦耳。

有趣的是，焦耳曾說：「把上帝賦予萬物的能量消滅，再憑人類的力量創造出更多能量——這顯然是個荒謬的想法。」換句話說，詹姆斯·普雷斯科特·焦耳是提出能量守恆概念的第一人。

光在水裡
走得比較快嗎？

反射和折射

1850年

學者：
阿曼德·伊波利特·路易·菲左（Armand Hippolyte Louis Fizeau）
尚·伯納·里昂·傅科（Jean Bernard Léon Foucault）

學科領域：
光學

結論：
光絕對是以波的形式行進

奧勒·羅默在1676年已經測得了光速（見第43頁），而詹姆斯·布拉德雷（James Bradley）在1729年透過另一個天文方法，他稱為「光行差」，又測量了一次。

伊波利特·菲左生於1819年9月法國巴黎，和出生日只差五天的里昂·傅科後來皆成為醫學生，他們一起去參加攝影先鋒路易·賈克·達蓋爾（Louis-Jacques Daguerre）開的攝影課程，共同致力於改善攝影技術，但可惜被其他的試驗者和技術趕過了。

在地面上測量光速

在醫學院時，菲左得了偏頭痛的毛病，所以他轉而研讀物理。1849年7月，他在父母位於巴黎的房子，設計出一個高明的方法來直接測量光速。他讓一個有100齒的齒輪轉動。然後讓一束光通過齒和齒之間的縫隙之後，再由距離8公里外的一面鏡子反射回來。因此光必須行進16公里。他讓旋轉的齒輪不斷加速，快到能讓他看清楚光線為止。這時，光一定是剛好從一個齒縫穿過，又從下一個齒縫傳回來。

菲左1849年的實驗

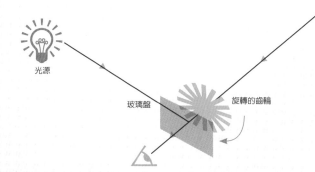

鏡子

光源

玻璃盤

旋轉的齒輪

問題是，光走16公里只需要2萬分之1秒（50微秒），所以齒縫必須非常小，同時齒輪轉速也要非常快。儘管如此，在1849年，他測得了光速為每秒31.3萬公里，大約比實際快了5%。

里昂‧傅科也必須放棄研讀醫學，因為就和年輕時的查爾斯‧達爾文（Charles Darwin）一樣，他發現自己得了暈血症。1850年他和菲左合作，打造出一組更高明的裝置來測量光速。這一次，同樣要把光發射到很遠的地方，單程距離加長為32公里，但它會先經由一面不斷快速旋轉的鏡子反射。

當光往返一趟64公里後，這面鏡子也已經旋轉了一個小角度；因此折返的光會與最初發射的第一道光線之間，夾了一個小角度（左圖角A），再受到旋轉鏡的反射。從這個角度A和鏡子旋轉的速度，他們推算出光速為每秒29.8萬公里，誤差在今日的接受值1%以內。

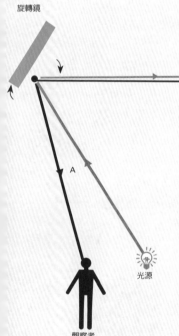

旋轉鏡

鏡子

32公里

A

光源

觀察者

光在水中的速度

傅科做了更進一步的實驗。他在光的行進路線上放了一管水，讓光在水中行進，藉此證明比起在空氣中，光需要更多時間才能往返一趟。

牛頓曾預測光在水中會比在空氣中速度還快，因為稠密的介質會拉著光粒子加速通過。而實際上，實驗結果顯示光在水中的速度比在空氣中慢了25%，速度是每秒

菲左和傅科
1850年的
實驗

22.5萬公里。這個結果被稱為「打敗光粒子說的致命一擊」——終於證明了湯馬士・楊是對的（見第63頁）。

長度的標準

1864年菲左建議：「一個光波的波長應該用來當作長度的標準。」現在定義在真空中的光速（通常用c代表），確切值為每秒2億9979萬2458公尺，而定義1公尺為光在2億9979萬2458分之1秒內走的距離。事實上，光用1奈秒（10億分之1秒）大約能行進0.3公尺，而聲速行進0.3公尺則需用大約1毫秒——慢了100萬倍。

雖然光速在水中比在空氣中慢，不過聲速在水中則比在空氣中快多了（見第69頁）。

傅科擺

1851年2月3日傅科做了有史以來第一個證明地球自轉的實驗。傅科在巴黎天文臺（Paris Observatory）以一條長鋼索懸掛一個重錘，他用這個裝置做實驗展示給所有受邀前來的巴黎科學家。之後，他又利用巴黎先賢祠（Panthéon）的拱頂再做了一次實驗。首先，他先讓這個裝置的單擺開始擺動，之後單擺的擺動平面會持續面對著恆星的同一個方向擺動。所以隨著地球自轉，單擺的擺動平面看起來好像轉動了；也因此它能用來當作時鐘。這個實驗引起大眾極大的興趣，美國和歐洲的主要城市都開始架設起傅科擺。

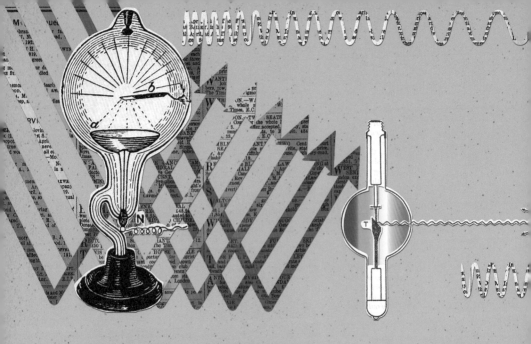

第四部：光、射線和原子
1851年-1914年

物理學和科技經常是緊密相關的。新理論促成新科技的發展；相反的，新科技讓科學家得以拓展新實驗和新研究。17世紀時，托里切利對真空的發現啟發了抽氣機的發明；而這項發明令波以耳和其他人得以探測真空的性質——或至少是在低壓下空氣的性質。

1865年赫曼·斯普倫（Hermann Sprengel）發明了比之前任何機器的效率都還要高的水銀泵；結果，這項發明又讓科學家，例如威廉·克魯克斯（William Crookes）能在一個幾乎完全真空的空間裡執行放電實驗，於是讓科學家發現

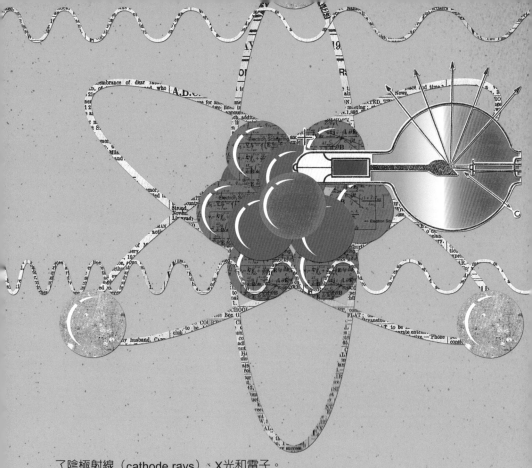

了陰極射線（cathode rays）、X光和電子。

　　接著X光的發現開啓了放射線研究熱潮；尤其是瑪麗・居里（Marie Curie）的卓越成果，為歐內斯特・拉塞福（Ernest Rutherford）奠定基礎，讓他能研究放射線的釋放，進而發現並命名阿法（α）、貝他（β）和加馬（γ）射線。後來發現阿法射線是由一團粒子組成——氦的內核，之後它被用作研究原子結構的轟擊工具。後來證明了貝他射線和陰極射線是電子；加馬射線則是所有電磁波中能量最高的。

1887年

學者：
阿爾伯特·邁克生（Albert A. Michelson）
愛德華·W.莫立（Edward W. Morley）
學科領域：
宇宙學
結論：
否定「以太」假說

什麼是以太？

地球和光以太之間的相對運動

海浪的傳送需要藉助水，聲波的傳播需要藉助空氣（或水）；由此推測光波的傳播也需要借助某種介質。一直到1880年代，科學家都是這麼認為，他們稱這個假想的介質為「光以太」（luminiferous aether，luminiferous是帶著光走的意思。他們當時已知光可以在真空中傳播，托里切利（見第34頁）和波以耳（見第37頁）已證明了這點；光也可以在外太空中傳播，因為我們可以看到月亮、太陽和星星。因此，外太空和地球上的真空似乎都瀰漫著以太。但它完全透明，而且看起來沒有對行星或月亮的移動造成任何的摩擦阻力；那麼以太真的存在嗎？

地球在軌道上以大約每秒30公里的速度繞太陽旋轉，同時也自轉；相對於宇宙或太陽，不管以太是否為靜止不動，又或是在外太空不斷穿梭移動，對於地球上任何一個觀測點來說，它必定移動得非常迅速。邁克生和莫立展開了對「地球和光以太之間的相對運動」研究。

首次實驗

1881年，邁克生在德國柏林首次嘗試做他的實驗；不過，即使在半夜2點都會受到來自交通的振動干擾，讓測量變得困難，而且實驗裝置也不夠靈敏。雖然如此，他證明了這個方法是可行的，並發明出干涉儀（interferometer）。他跟莫立合作後改良了這個儀器，1887年，在今日美國俄亥俄州的凱斯西儲大學（Case Western Reserve University），兩人用它做了下面這個實驗。

干涉儀

從一盞油燈來的光聚焦打在一面半鍍銀的鏡子上；這樣一來，一半的光會直直通過鏡子，另一半的光則以90度角朝左反射。每一條光束在一系列的鏡子間來回往返，所以當光束回到半鍍銀的鏡子之前，實際上已走了11公尺。當這些光束再次到達半鍍銀的鏡子時，每一條光束會有一半聚集到望遠鏡，在那裡形成干涉條紋（見第64頁）。

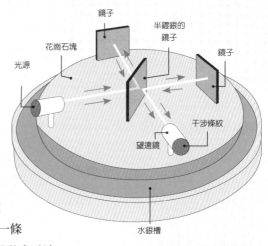

不時仍會傳來源自馬車或暴風雨的些微干擾，為避免這些干擾，整個儀器就安裝在一塊3公噸重的巨石上。而這整個裝置又浮在一個水銀槽上，這樣只要輕輕一推，邁克生和莫立就能以360度慢慢地旋轉整個裝置。不論以太是往什麼方向移動，在裝置旋轉過程中，必定有某一時刻其中一條光束是與以太運動方向平行，另一條則呈垂直。他們預期這些光束的到達會有時間差，導致

邁克生和莫立的干涉儀

呈現出的干涉條紋有了位移。

這是他們的想法：他們設置了兩條前進方向互為90度的光束A和B。當光束A前進時是垂直以太行進的方向，它往返一趟所花的時間，應該會比與以太的行進方向平行的光束B還少。

這就好比在河中游泳；一個人橫渡河流往返一趟所花的時間，會比先順流、再逆流游過相同距離所花的時間還少。的確，如果水的流速比泳速還快，那麼這個人無論如何都不可能逆流游回來。

1887年7月8日中午，這兩名研究員穩定地轉了整個裝置整整六圈，並在每16分之1圈（22.5度）觀察產生的干涉條紋。他們在同一天的下午6點鐘又重複一次這個實驗；在接下來的連續兩天他們都在中午和傍晚做同樣的觀察。

他們預期每繞一圈，會在四個觀察點看見干涉條紋的位移，首先往左，之後往右；所以他們預估會見到一個往左右方向的位移模式；並計算出他們應測得最小的位移為干涉條紋之間距離的20分之1。

世界上最有名的「失敗」實驗

實際上他們完全沒有觀察到任何位移。邁克生寫給瑞利勳爵（Lord Rayleigh）的信上說：「地球和光以太相對運動的實驗已經完成了，結果確定沒有觀察到任何的位移。」

這代表以太在地球表面完全不動嗎？或許它被周圍雜亂無章的樹木或建築所牽制。他們提出：「也許在超出海平面適當高度的位置，或是在孤立的山頂，觀察到這個相對運動並非完全不可能的事。」

X光是怎麼被發現的？

看見骨骼

1895年

學者：
威廉‧康拉德‧侖琴
（Wilhelm Conrad
Röntgen）
安東尼‧亨利‧貝克勒
（Antoine Henri Becquerel）
學科領域：
電磁光譜和放射性
結論：
電磁輻射有很多種；有些重金
屬是非常不穩定的

1890年代，德國和英國的實驗室中，瀰漫著振奮人心的氣息——更充斥在空氣含量非常稀少的奇怪管子中。17世紀時真空泵（見第37頁）就已經發明了，但是不到19世紀，真空泵的力道變得更強，最後還能把玻璃管內的空氣減到大約是正常大氣壓力的百萬分之一。

麥克‧法拉第在1838年就注意到在內含稀薄空氣的玻璃管的兩電極（陰極和陽極）之間有一道奇怪的光弧。1857年，海因利希‧蓋斯勒（Heinrich Geissler）利用更好的泵，製造出能把真空管填得滿滿的亮光，有點像現在的霓紅燈。1876年，歐根‧高德斯坦（Eugen Goldstein）演示了能對真空管內的物體投射出影子的射線，他稱為「陰極射線」（cathode rays）。之後威廉‧克魯克斯（William Crookes），運用力道更強的泵製造亮光，不過注意到在陰極前方有一個暗區，後來被命名為「克魯克斯暗區」（Crookes dark space）。隨著他抽出更多的空氣，暗區會順著管子漸漸地往陽極方向擴散，接著，陽極後方的玻璃開始發光。他認為這個亮光是由順著管子快速前進的陰極射線飛過陽極直接撞擊玻璃所造成。

1895年11月8日星期五，當時任教於符茲堡大學（University of Würzburg）的

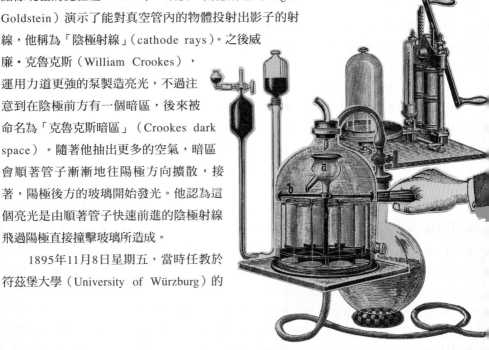

物理學教授威廉‧侖琴，正運用飛利浦‧雷納（Philip Lenard）發明的真空管來做各式各樣的實驗。這個管子有一個焊接在玻璃上的鋁製小窗口，作用是把陰極射線從管內釋放出來。出於某種原因，他選擇拿一片塗有螢光材料氰亞鉑酸鋇（barium platinocyanide）的紙板靠近這個小鋁窗，然後他注意到，當時顯然沒有光照在紙板上，但上面卻發出明亮的光。

那時房間一片漆黑，他嘗試用另一個不同的真空管來實驗，結果卻看見房間的另一端閃著微光。他點燃火柴後，才發現微光來自他準備下一步要用的螢光屏。

找到了！

他對這個重大發現興奮不已，為了證明這個發現確鑿無誤，整個週末他都待在實驗室裡不斷重複這個實驗，確認螢光並不是自己的想像。他完全不了解這個現象的成因，但認為必定是來自真空管或是鋁製窗口的某種射線──他稱為X射線（X有未知的意思），雖然有好幾年的時間大家都稱它為侖琴射線（Röntgen rays）。

兩週後他照了第一張X光片──用他太太安娜‧貝塔（Anna Bertha）的手。結果太太看到照片失聲驚叫：「我看到自己死亡的樣子。」同年底，侖琴將他的實驗結果發表，標題為《一種新的射線》（Über eine neue Art von Strahlen）。他在1901年獲頒首屆諾貝爾物理獎，但拒絕為這項發現申請專利，因為他希望每一個

人都能從中獲益。

啟發

　　不到侖琴論文發表後的一個月，法國物理學家亨利・貝克勒受他論文的啟發，展開對鉀和鈾雙硫酸鹽磷光現象（phosphorescent salt potassium uranyl sulfate）的研究。用光照射磷光物質時，它會發光；然而，即使入射光不在了，發光現象卻會持續。一開始他以為可能是磷光物質發出X射線，或是其他類似的東西。

　　他用兩張很厚的黑紙把感光底片包起來：

如此一來，即使曝曬太陽一整天也不致於讓底片變色。在黑紙上，外面的那一側，放了一層磷光物質，然後一起拿到太陽光下曬幾個小時。把底片顯影後，磷光物質的黑影出現在底片上。如果在磷光物質和黑紙之間放一枚銅板或刻有特定花紋的金屬片，也會看見這些東西的樣子出現在底片上……所以從這些實驗可得到一個結論：所研究的磷光物質會放出一種射線，能貫穿對光不透明的紙，使銀鹽還原。

輻射線

　　但隨後他發現即使這些物質沒有照到陽光，還是會得到同樣的實驗結果。「一個自然而然會想到的假設是：這些射線是磷光物質發出的不可見光，能產生和雷納與侖琴所研究的射線非常相似的效果。」

　　1896年5月前，他終於搞清楚這個新射線是由磷光物質中的鈾所發出的。因為這偶然的機運，貝克勒發現了輻射線。

1897年

學者：
約瑟夫·約翰·湯木生
（Joseph John Thomson）
學科領域：
原子物理學
結論：
原子組成的初步概念

原子裡面有什麼？

尋找電子

　　1890年代是個驚人的年代，實驗和新發現往往會很快地促成更多的實驗和發現。科學家互相學習，發表自己的觀點，是科學界非常活躍的時期。那時，電燈剛開始普及，汽車已是未來的趨勢，不過原子科學才要開始萌芽。

　　在英國劍橋的卡文迪西實驗室（Cavendish Lab）裡，來自曼徹斯特的物理學家，約瑟夫·約翰·湯木生在1897年已經知道原子大概是由更小的粒子所組成；不過當時認為這些粒子中最小的，應該和氫原子一樣大；氫是最輕也是宇宙中最多的元素。

　　阿瑟·舒斯特（Arthur Schuster）在1890年曾提出陰極射線（見第83頁）帶有負電荷，而且行進方向能被電磁場偏轉。他估算荷質比為1000多，但當時沒人相信他。

陰極射線

　　湯木生也用陰極射線管來探測陰極射線，他注意到它在空氣中行進的距離，比他原本預期一個氫原子大小的粒子所能走的還要遠。任何大小與氫原子相當的粒子，在空氣中很容易跟氮氣和氧氣發生碰撞而突然停止前進，但是陰極射線好像避開了這些撞擊。

陰極射線從陰極射出後向四面八方擴散。為了仔細探測它的性質，湯木生還是想到辦法使其形成一條集中的射線。他認為這條射線必定是由粒子組成，因為它和熱偶碰撞後會產生熱。為了定量測量，他改造了他的陰極射線管，讓射線從陰極發出，直直飛過陽極到達鐘罩，在其螢幕正中央做過記號的地方形成一個亮點。

陰極射線偏轉實驗

通常射線以直線前進，但正如舒斯特所發現的，湯木生發現他不但可以透過一個磁鐵，還可以透過一個強大的電場來讓射線偏轉。這些實驗顯示射線必定帶負電。從偏轉的角度他可以計算出射線粒子的荷質比。

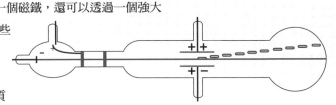

因電場而產生偏轉

實驗的結果令人驚訝：測出來陰極射線的荷質比居然比一個氫原子（H+）的荷質比還大了1000多倍，這就表示每個粒子的質量比一個氫原子的質量還少了1000多倍（或帶有非常多的電荷）。另外，無論射線來自哪種陰極材料（也就是不同原子），射線粒子的質量似乎都相同。對此他總結：

> 既然陰極射線帶負電荷，受靜電力所偏轉的行為就會像是帶了負電，表現出受磁力影響所該表現的行為——就會像沿射線方向行進的帶負電體在磁場中會表現出的行為那樣。從結果可以看出，陰極射線一定是帶負電荷的物質粒子，這點是不會錯的。

湯木生稱這些粒子為「微粒」（corpuscles），雖然

87

大家很快改稱為「電子」（electrons），他主張電子必定是原子的一部分。1904年他提出了「梅子布丁模型」（plum-pudding model）來解釋原子結構：原子是正電荷的球，裡面到處嵌了可能在不斷高速環行的小小電子。

入錯行？

他的父親原先希望湯木生成為一名工程師，但是卻湊不出足夠的學費；因此他轉而研讀科學，進了劍橋大學，並成為一名數學物理學家。在28歲時他成為卡文迪西實驗室的實驗物理學教授，這件事讓很多人跌破眼鏡，不只是因為他比其他應徵者還年輕許多，更是因為他的手很笨拙，沒有太多操做物理實驗的經驗。他的一位助手曾寫道：「湯木生的手指實在是很不靈巧。我發現最好是別讓他碰任何儀器為妙！不過他用口述建議實驗該怎麼進行，倒是滿有助益的。」

然而，湯木生是一位儀器設計的天才，也是一位非常傑出的老師。1906年他贏得諾貝爾物理獎，是第二位卡文迪西實驗室培養出來的諾貝爾獎得主。單單這一間實驗室總共就培養出29位諾貝爾獎得主，實在非常驚人。

湯木生和他的一位學生阿斯頓（F. W. Aston）也著手探測帶正電的離子（少了一個電子的原子）。1912年他們發現可以利用這些離子質量的差異，而將它們分離。他們最初的發現是稀有氣體氖有兩個同位素——也就是原子之間帶有相同數量的質子（protons），但是不同數量的中子（neutrons）；我們現在稱它們為氖-20和氖-22。湯木生和阿斯頓當年所發明的這個儀器後來發展成質譜儀，是今日化學家每天不可或缺的有用工具。

正電荷雲球

電子

梅子布丁模型

鐳是怎麼被發現的？

放射性研究的先驅

1898年

學者：
瑪麗·斯克沃多夫斯卡－居禮
（Marie Skłodowska–Curie）
皮埃爾·居禮（Pierre Curie）
學科領域：
放射物理學
結論：
鐳的發現開啓了放射物理學研究

　　瑪麗·居禮大概是有史以來最偉大的女性科學家。她的童年過得很艱苦。19世紀末的波蘭對民族主義者非常不友善，而俄羅斯當局更是不斷騷擾威脅她的家人。當時，俄羅斯當局取消波蘭學校的實驗教學。幸虧瑪麗的父親是一位物理老師，把大部分實驗室裡的設備帶了回家；因此，四個女兒中最小的瑪麗亞·薩洛美雅·斯克沃多夫斯卡（Maria Salomea Skłodowska，波蘭文全名）才不至完全無法受教育。

　　她終於進入了巴黎大學就讀，並遇見了時任物理和化學講師的皮埃爾·居禮，瑪麗好不容易在他的實驗室裡找到可以展開她的研究的空間。

鈾射線

　　X射線和放射現象都在1895年末被發現（見第83頁），受這些發現的影響，瑪麗決定要往這方面發展，開始研究神秘的「鈾射線」。

　　所幸皮埃爾和他的兄弟已經研究出靜電計，是一種測量電荷的靈敏儀器。瑪麗發現鈾射線能讓周圍的空氣導電，所以她可以利用靜電計來偵測這些射線。

　　首先她從研究各式各樣的鈾鹽開始，她發現射線的強度只取決於鈾鹽中的鈾含量。她認為，這代表射線不是某種分子，必定是鈾原子本身的一種性質。

一種常見的鈾礦石是瀝青鈾礦（pitchblende），又稱為複鈾礦（uraninite）。瑪麗發現瀝青鈾礦的輻射活性是純鈾的四倍，她推斷瀝青鈾礦必定含有其他放射活性比鈾更大物質。於是，她開始有系統地尋找其他具放射活性的物質，在1898年她發現釷（thorium）也具有放射性。

新元素

這時，皮埃爾也對她的研究燃起興趣，於是決定加入她的行列，但顯然的，她才是驅策兩人共同研究的主要原因。

1898年4月14日他們研磨並溶解了100公克的瀝青鈾礦，希望從中找到具有高放射性的新物質。然而結果令他們大失所望；後來在1902年，他們從1公噸的瀝青鈾礦開始，在好幾個月辛苦的提煉工作後，他們終於分離到含量僅0.1公克的氯化鐳（radium chloride）。

利用硫酸熔解技術從瀝青鈾礦樣本中萃取了所有的鈾後，他們發現剩下的礦渣中還是有某種未知的成分帶著強烈的放射性。經過不斷地試驗和證實，他們從中分離出一種非常類似鉍（bismuth）的元素——在元素週期表中位於鉍的下一個位置，而它的化合物有和鉍化合物類似的性質。這是一個從未被發現的新元素，瑪麗稱它為「釙」（polonium），以紀念她的祖國波蘭。1898年7月，他們宣布了這個發現。

找到神秘的鐳

之後，他們嘗試分析手中剩下的物質，發現還有另外一種未知的物質，具有強烈放射性。它和鋇（barium）的性質非常類似，在礦石中與鋇的化合物混合在一起。不過鋇的焰色反應是鮮綠色而且有綠線系光譜，新元素則具有

未知的紅線系光譜，因此它必定是另外一種新元素。

　　然而，要把它跟鋇分離開來非常困難。瑪麗和皮埃
爾只能夠不斷製造氯鹽，利用結晶的方法慢慢分離。新
物質的氯鹽比起鋇氯鹽稍微不可溶，所以它比鋇氯鹽
稍快一些結晶。他們必須利用靜電計來偵測每一組收
集到的樣本的放射線大小。在這段時間，他們創造
了「放射性」（radioactivity）一詞。

　　1898年12月21日，種種理由讓他們相信，這
絕對是一個新元素。因為具有強大的放射性，所以
它被命名為鐳（radium）；在同月26日，他們向法
國科學院（French Academy of Sciences）宣布找到一
個新元素，雖然當時他們尚未分離出純鐳金屬。
歷經千辛萬苦，12年後瑪莉終於分離出純鐳金
屬。鐳化合物對幾年後歐內斯特・拉塞福（Ernest
Rutherford）的研究有重大的影響（見第98頁）。今
日，全世界鐳化合物的年產量大約僅僅100公克。

全世界的認可

　　不到1902年，瑪麗和皮埃爾總共已發表了32篇科學
論文。1903年瑪麗獲得博士學位後，有一次造訪英國倫
敦大英皇家科學研究所（Royal Institution in London），
當時女性是不能公開發言的；於是皮埃爾必須代替她演
講。演講完後，皮埃爾轉述聽眾的問題給瑪麗，瑪麗回
答後，再由皮埃爾複誦瑪麗的答案給聽眾。

　　那年的12月，瑪麗、皮埃爾和亨利・貝克勒同時獲
頒諾貝爾物理獎──她是有史以來第一名獲此殊榮的女
性。一開始獎只頒給皮埃爾和貝克勒，皮埃爾知情後強
烈抗議，後來委員才把瑪麗的名字也加了上去。

1899年

學者：
尼可拉·特士拉
（Nikola Tesla）

學科領域：
電學

結論：
電力可以無線輸送

能量可以
經由空間傳播嗎？

能量無線輸送

出生於今日克羅埃西亞（Croatia）的尼可拉·特士拉，父母都是賽爾維亞人。他從小在學校就是個數學神童。為了躲避徵召，他逃離開家，跑到奧地利科技大學（Austrian Polytechnic）上學。在那裡，他極努力用功，後來卻成了一名賭徒，沒有通過考試，於是他又再度逃跑，因為不想向他的家人承認他的失敗。他長得又高又帥，而且骨瘦如柴，是一位典型的「瘋狂科學家」。

1884年6月他跑到紐約為湯馬士·愛迪生（Thomas Edison）工作，但隔年就辭職了，因為特士拉認為愛迪生失信，沒有付給他原本承諾要給的一筆金錢，他和愛迪生起了爭執。後來，他想辦法說服了幾個投資者來資助他的研究，以日後分享專利所有權的利潤來做為交換條件。1888年，他和喬治·西屋（George Westinghouse）簽訂了一紙提供優渥資金的合約。

1891年，特士拉製造出他最有名的發明——特士拉線圈（Tesla coil），這是一種使用共振原理的變壓器，能夠產生超高電壓的交流電，一直到今天偶爾還會用到。

無線輸電

在1893年芝加哥的萬國博覽會上，西屋向眾人展示了「特士拉多相系統」（Tesla polyphase system），其中一位觀眾記錄：「房內懸吊著兩個上面蓋了錫箔紙的橡膠硬板。這兩個硬板相隔約4.6公尺，用來當作從變壓器連接出來的電線的終端。電流接通時，電燈或燈管旋即產生明亮的光芒；並沒有任何導線將它們和電源連接，就只是擺在桌上、這兩個懸吊的硬板之間，或者只靠人的手拿著站在房內任何一個角落，不需線接電源，也能產生亮光。」

換句話說，這些電燈展示了無線輸電的技術。

1899年特士拉在科羅拉多斯普陵（Colorado Springs）成立了自己的實驗室，因為他的多相交流電系統就設在那裡，還有些朋友資助他無限量的電供他使用，可以不必為籌措實驗所需的龐大電費傷腦筋。舉例來說，他的其中一個實驗，光要產生一道約12公分長的火花，就需先製造出約50萬伏特的電才行。

他用特士拉線圈試驗一次比一次更強的電壓，甚至最後用到4、500萬伏特的高壓電。他創造出有巨大電弧

的人工閃電；他製造的雷聲24公里外都能聽見。走在街上的行人發現他們的腳邊竄出火花；因為腳下的金屬馬蹄鐵而觸電的馬驚嚇地從馬廄裡狂奔而出；沒有接通電源的燈泡自己閃著光。特士拉甚至還有辦法讓發電站短路，結果造成嚴重斷電。

他的計劃是製造一個「放大發射機」（magnifying transmitter），企圖用來無線輸電，儘管他跟大家說他只是在做無線電訊號方面的研究。特士拉曾寫道：「在我所有的發明中，我堅信放大發射機的無線輸電技術必定對未來是最重要也最有價值的。」

沃登克里弗塔

1900年，有了約翰・皮爾龐特・摩根（J. Pierpont Mor-gan）的資助，特士拉開始在長島秀爾罕（Shoreham）附近的沃登克里弗（Wardenclyffe），建造一座約57公尺高的高塔，他要做的是利用這個高塔來傳送足夠橫跨大西洋的無線訊號和無線輸電。這個塔最後建成了，可是特士拉也用光了所有的錢；更糟的是，1901年美國股市的經濟恐慌讓摩根損失慘重，於是他拒絕再提供任何金錢支援，也令這個計劃胎死腹中。

特士拉最有名的發明是「特士拉線圈」，但其實他還有非常多的專利成就，發明了其他各式各樣的電子用品，包括一個「可以把笨學生在無意識的情況下用電力充飽，使他們變聰明的辦法」。

至於無線輸電技術，現在則可見到小規模的運用，例如電動牙刷、刮鬍刀和心律調節器的充電技術；讀卡機的應用；大規模的運用則有電動巴士、火車和磁浮列車（Maglev trains）的充電技術。科學家和工程師正在努力開發手機、平板和筆記型電腦的無線充電技術。不過，特士拉的願景尚未實現——至少目前還沒有。

光速不變嗎？

E=MC² ：狹義相對論

1905年

學者：
阿爾伯特・愛因斯坦
（Albert Einstein）
學科領域：
力學
結論：
比起牛頓定律，狹義相對論
更能描述物體在接近光速時
的力學

　　如果能跟著一道光以光速飛行的話會看到什麼？1879年3月14日，阿爾伯特・愛因斯坦在德國烏爾母（Ulm）出生。1894年他的雙親搬去義大利，不過在1895到1896年間，愛因斯坦卻是在瑞士的亞牢（Aarau）求學。他發現那裡比之前德國學校的教學更不拘束且更進步。很多年後，他寫下：「那是段令我難忘的時光，要感謝學校自由的校風和老師的循循善誘。」他說就是在這段時間他開始思考相對論。

啟發狹義相對論的矛盾

　　在他的自傳中，愛因斯坦描述一個臆想實驗（gedankenexperiment）：

> 在我16歲時，就思考過一個矛盾：如果我以光速c（光在真空中行進的速度）跟著一道光束飛行，那麼這道光束在我看來，應該是個靜止的電磁場，雖然它仍在振動。不過，無論根據經驗或是馬克士威方程式（Maxwell's equations），似乎都不會發生這樣的事情。從一開始我就直覺地認為：顯然對隨著光行進的觀察者來說，當下發生的事情所遵循的物理定律，應該會與相對於地面靜止的觀

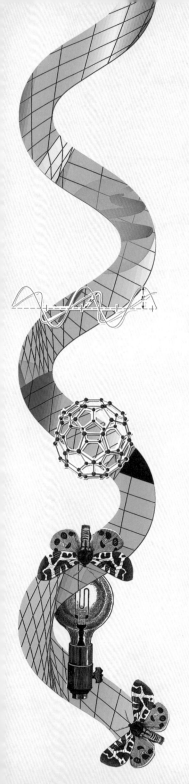

察者所遵循的物理定律相同。第一個觀察者又是怎麼知道或判定自己正在規律地快速移動呢？這個臆想實驗已為將來的狹義相對論埋下種子。

這是一件矛盾的事，因為如果愛因斯坦看見光束靜止不動，那麼他就知道了他正（以光速）移動——這就違背了伽利略的相對性原理。

在他1632年的著作《論兩個主要世界體系的對話》（Dialogue Concerning the Two Chief World Systems）裡，伽利略曾提出，一個在甲板下無窗船艙裡的人是無法知道船是否正在移動的。他可以知道船是否正在加速，或是轉彎，因為他可以感覺到施在身上的力量，但是他是無法辨別船是在等速直線前進，或是相對於水面呈靜止狀態。

愛因斯坦當時應該也已知證明出光速和以太無關的邁克生－莫立實驗（見第80頁）。無論如何，他開始有了光速不變的想法——每秒2億9979萬2458公尺，或以c代表。

這和一般的認知不同。運動選手通常在投擲任何東西（例如棒球、標槍、足球）之前會先來個短跑，因為短跑增加了物體在空氣中的速度。但光就不同了，無論光源運動狀態如何，光速永遠都一樣。從手電筒射出的光線以速度c前進，不管這個手電筒是靜靜地待在觀察者的手中，或者隨著火箭高速移動。

在他1905年發表的狹義相對論（special relativity）中，愛因斯坦還假設物理定律在任何慣性參考系中都保持相同——也就是在任何等速直線行進的交通工具或空間裡，物理定律不變。

並沒有什麼地方是絕對靜止的；因此，也沒有絕

對靜止的以太當作光傳遞的介質。相對於其他東西，所有東西都在動。也許你認為自己是靜止的，但對於火星人而言，你正在太空中旋轉個不停。

這件事重要在哪裡？

由這些想法推導出來的結論影響深遠。比方說在不同的慣性參考系中，時鐘的報時不會相同。假如實驗者B以高速掠過實驗者A，那麼就實驗者A而言，實驗者B的時鐘走得比較慢。

除此之外，對某個觀察者而言同時發生的事情，對不同參考系中的觀察者而言，不一定是同時發生。

在同一年，也就是大家知道的奇蹟年（annus mirabilis），愛因斯坦發表了另外三篇科學論文：一篇是讓他獲得諾貝爾獎的《論光電效應》（photoelectric effect），一篇是論《液體中分子的布朗運動》（Brownian motion），另一篇則是《論質能等價》——直接延伸自狹義相對論，也是全世界最有名的E=MC²公式的理論基礎。

1908年，曾教過愛因斯坦的赫曼・閔考斯基（Hermann Minkowski）將狹義相對論再次論述，新論述不只有原來的空間概念，還包括了時間。愛因斯坦一開始對閔考斯基提出的四維時空心存懷疑，但後來不但接受了，更明白它是廣義相對論的基礎。

1905年提出的理論被稱為狹義相對論，因為它只適用於觀察者在慣性參考系中的情況。當涉及加速度或重力時，就需要廣義相對論（general relativity）來解釋。

1908-1913年

學者：

歐內斯特・拉塞福
（Ernest Rutherford）
約翰尼斯・威漢・蓋革
（Johannes Wilhelm Geiger）
歐內斯特・馬士登
（Ernest Marsden）

學科領域：

原子物理學

結論：

原子內部大多是真空的，中間有一個密度極高的微小核

為什麼世界大部分是真空的？

砲彈殼和衛生紙

歐內斯特・拉塞福（Ernest Rutherford），核子物理學之父，生於紐西蘭，有一位農人父親。歐內斯特・拉塞福也是湯木生的學生（見第86頁），他在加拿大麥吉爾大學（McGill University）時，致力於放射性半衰期的研究，這方面的卓越貢獻使他在1908年獲得諾貝爾獎。這其中包括發現放射性物質發射的三種「射線」：分別命名為阿法（α）、貝他（β）和加馬（γ）。搬到英國曼徹斯特（Manchester）後，他釐清了阿法射線事實上就是氦原子的內核（我們現在知道這是由聚集在一起的兩個質子和兩個中子所組成，並帶有兩個正電）。

原子結構

之前湯木生已經釐清電子是帶負電荷的微小粒子，並假設原子其他的部分是一團帶正電荷的球，裡面嵌著電子——也就是「梅子布丁模型」。

為探測原子結構，拉塞福決定用阿法粒子來轟擊其他的原子。他邀請從德國來的訪問學者約翰尼斯・蓋革（Johannes Geiger）和蓋革的學生歐內斯特・馬士登（Ernest Marsden）一起聯手，共同做這個極端費力、需要耐心和技巧的實驗。

質子

中子

原子核

電子

為了要知道他們手中的放射性原料鐳可以產生多少阿法粒子，拉塞福和蓋革製作了一種偵測器，是一種玻璃管狀物，裡面充入空氣和一對電極。每個阿法粒子會使部分空氣電離，繼而產生脈衝電流訊號。這個簡單的儀器後來演變成有名的蓋革計數器（Geiger counter）。

拉塞福很吃驚有這麼多阿法粒子會受它們所通過空氣分子的散射，於是建議蓋革和馬士登應該採用別的材料來進行散射實驗。他們後來選了金箔紙，不只因為它僅僅由單一元素所構成，更因為金能做得極薄。

首先他們做了一根2公尺長的玻璃管，在管的一端放置一塊阿法粒子的放射源鐳（見第89頁），管的中央則有一道寬0.9公釐的縫隙，這樣就只有窄窄的一道光能通過。最後，在管的另一端有一個被阿法粒子擊中時會閃爍的磷光屏。他們透過顯微鏡來計算這些閃爍訊號並測量它們的速度。也就是說他們要花好幾個小時的時間待在一個暗房裡，透過顯微鏡盯著螢幕上的亮點一個一個地數。

金箔散射實驗

把所有的空氣從管中抽出後，這些閃爍訊號形成一塊整齊狹窄的亮區；但是讓空氣再次進入管中時，這塊亮面就散了開來。這就像用手電筒對著一片聚乙烯（polythene）板照射的情況一樣。在沒有空氣，但狹縫被一片非常薄的金箔遮蓋住的時候，也會發生同樣的情況；也就是說空氣分子和金原子都會使阿法粒子射線散射。

拉塞福推算如果金原子只是一團瀰漫正電荷的雲球，那麼散射的阿法粒子應該只會以非常小的角度偏轉；多數粒子應該會直接穿過。然而，散射結果大大出乎他意料之外，他建議：下一步應該試著找出是否有任何粒子會以大角度反彈。

大角度？

　　蓋革和馬士登著手做了一組新儀器。在這組新儀器中，他們用一片鉛板（能擋住任何撞擊）來保護螢幕，再固定那片金箔讓阿法粒子能以大約45度角撞擊，並大約以同樣的角度反彈——就像一個人用一面鏡子來看四周眼睛死角的景象。他們的確測到一些散射，而且發現金原子比較輕的鋁原子更能使阿法粒子散射。

　　從這個和其他類似的實驗，他們推演出下面幾種情形會令阿法粒子以較大的角度散射，那就是遇到（1）較厚的材質（2）較重的原子和（3）低速的粒子。不過，實際上竟有少數粒子的散射角度大於90度。

　　他們告訴拉塞福這個發現後，他大吃一驚——雖然是他提出要做這個實驗的。他曾在劍橋大學的一堂課中說過，這就像朝著衛生紙射出一枚38公分的砲彈，砲彈卻彈回來打中你一樣不可思議！

　　「仔細思考後，我終於明白這向後散射回來的現象，必定是單獨碰撞下造成的結果。經過計算，我發現要以這麼大的角度反彈幾乎是不可能的，除非重建一個新的模型，其中原子大部分的質量都集中在一個非常微小的核。也是在這個時候，我想到原子具有一個帶電、且集中大部分質量的中心。」

　　重點是如果正電荷完全是散在各處，那麼原子應該不會使阿法粒子產生大角度散射；不過若正電荷全部集中成一個小而密實的核，那麼大部分粒子會因為撞不到它而直接通過，但會有極少部分的粒子會像球被球棒打到一樣受到反彈。

　　拉塞福推測原子內部大部分是真空，在中間有一個非常小、帶正電的核，而電子很可能繞著這個核旋轉。

在絕對零度時
金屬會有什麼性質？

超導現象和低溫之間的關聯

1911年

學者：
海克‧卡末林‧沃斯（Heike
Kamerlingh Onnes）
學科領域：
電學
結論：
在溫度很低時，有些金屬會
變成超導體

　　溫度接近絕對零度時，會開始發生奇異的事情。羅伯特‧波以耳探討過可能出現的最低溫為何（見第37頁）。之後科學家測量到定量氣體的體積會隨著冷卻過程慢慢減少。照這樣看來，到了攝氏零下270度時，這些氣體的體積會縮到什麼都不剩。

　　在詹姆斯‧焦耳解出熱功當量後（見第72頁），克耳文勳爵（Lord Kelvin）用熱力學定律計推算出絕對零度會是攝氏零下273.15度。現在絕對溫度的測量以克耳（kelvins）或藍金（rankines）表達，其中絕對零度是0克耳（0藍金），而冰的熔點是273.15克耳（491.67藍金）。

低溫物理學

　　荷蘭物理學家卡末林‧沃斯在1882年成為荷蘭萊登大學（University of Leiden）的實驗物理學教授。1904年他為了研究低溫物理，建造了一個大型低溫實驗室。1908年7月10日於實驗室中、超低溫4.2克耳的狀態下，他終於成功把氦氣液化；接著，藉由把剩餘的蒸氣排出，他又進一步把溫度降低到1.5克耳，打破當時有史以來最低溫的紀錄。

克耳文勳爵曾認為在超低溫狀態下，金屬的阻力會大大增加，直接導致電流停止。不過，這點沃斯並不同意。1911年4月11日，他把一條固態汞線浸在溫度為4.2克耳的液態氦中，結果汞線的電阻完全消失了。這讓他欣喜若狂，在他的記錄本上寫下（一直要到之後100年，才有人辨識出上面的文字）：

> 汞進入了一種新的狀態，就它不尋常的導電特性，
> 也許可稱為超導現象（superconductive state）。

這項重要突破促進之後幾世紀的低溫研究和許多實際應用。例如，大型強子對撞機（Large Hadron Collider，見第169頁）透過96公噸重的氦，來讓1600個超導磁鐵的溫度維持在1.9克耳。

達到絕對零度是不可能的。但是在1999年，一塊金屬銠（rhodium）被冷卻到0.0000000001克耳，算是非常接近了。

當液態氦冷卻到2.17克耳以下，就變成了超流體（superfluid）；也就是把它放在杯子或燒杯裡之後，它會形成一層往上爬的薄膜，最後還能越過杯緣，直到所有液體全都散逸不見。這就是沃斯效應（Onnes Effect）。

把頭伸入雲端就能夠贏得諾貝爾獎嗎？

雲室與其對新的科學發現的影響

1911年

學者：
查爾斯·湯木生·雷斯·威爾森（Charles Thomson Rees Wilson）

學科領域：
氣象學和粒子物理學

結論：
雲室的發明促成物理學的意外發現

　　威爾森在山頂看到的景象造就了粒子物理學突破性的發展。查爾斯·湯木生·雷斯·威爾森是一名蘇格蘭農人的兒子，原本預計攻讀醫學，但是進了劍橋大學後，他深受物理學吸引，尤其是氣象學。

　　1883年，蘇格蘭氣象學會（the Scottish Meteo-rological Society）利用向大眾募得的經費，在英國最高峰蓋了一座氣象觀測站，也就是在蘇格蘭威廉堡（Fort William）附近、海拔1344公尺的本尼維斯（Ben Nevis）山上。每一小時，駐站的氣象學家會記錄雨量、風速、氣溫等，他們的環境通常很嚴峻，還會危及生命。可惜後來政府不願再維持觀測站的運作，於是在1904年撤除。

　　夏天時，年輕的物理學者有時會去那裡工作，一連好幾週，接替正式駐站人員的崗位。威爾森很高興能成

為中一員，他在1894年9月抵達了觀測站。

有一天清早，他來到了山上最高點附近，他前方是陡峭的懸崖，當時他正面向西方，太陽緩緩從背後升起，這時，他見到了自己映在腳下雲層上的影子。接著，他突然看到了光環奇景——布羅肯光（Brocken Specter），一道美妙的虹環繞著他的頭影。

他受到這幅奇景的感動，就在那一瞬間決定要朝研究雲的方向發展。不幸的是他馬上就得回去劍橋；在地形平坦的劍橋，天空中的雲也就沒那麼有趣了。於是他決定製造一個雲室（cloud chamber），他要在燒瓶裡製造人工雲。

瓶裡的雲

在一段費時、費力又需技巧地吹製玻璃過程後，威爾森終於做出一個附有他所需配件的大玻璃燒杯。他往燒杯裡面灌滿潮溼空氣，然後迅速降低裡面的壓力。燒杯裡因此充滿過飽和的水蒸氣；裡面只有一些可能是凝結在灰塵上小水滴。實驗結果令威爾森大失所望，他發現他做不出他所感興趣的那種雲，不過，他好奇是否電離後的空氣分子會形成像雲一樣的痕跡。

X光在1895年後期被發現（見第83頁），在1896年初威爾森馬上就試圖將X光射入雲室。這些射線立即造成一團厚厚的雲霧。多年後他寫下：「當年得到這些結果時的那種快樂心情，我至今記憶猶新。」很明顯的，X光電離了一些空氣分子，也就是X光把電子從一些空氣分子裡敲出來，留下了帶正電荷的離子，這些離子則扮演小水滴凝結核的角色。

在接下來的幾年，他還能稍微做一點這方面的研

究，但是1900和1910年間，他因教學而分身乏術。不過，1910年前，他就曾寫下：「這些關於阿法、貝他粒子射線的想法愈來愈明確。既然射線粒子走過時會釋放出離子，這讓我想到一種可能性，那就是透過凝結在這些離子上的小水滴，實驗者就能用肉眼觀察或用照相機記錄這些射線粒子的行進軌跡。」

1910年初，威爾森終於可以回去做他的雲室實驗，他發現帶電粒子通過時，果然如他所料留下了移動軌跡，就像飛機留下的尾跡。這是人類有史以來第一次觀察到帶電粒子的運動軌跡。他馬上用照相機拍下了一個個電子和阿法粒子的移動軌跡。他說電子「會做出小小的、一搓搓細細的雲」。

最神奇的發現

1923年威爾森終於找到了雲室運作的最佳條件，並發表了兩篇內有精細的電子運動軌跡圖的論文。這掀起了世界各地利用雲室來作為研究工具的熱潮，不久，在巴黎、列寧格勒、柏林和東京都開始有人做雲室實驗。雲室讓科學家能記錄正子（positron）的發現、電子和正子碰撞後的互相消滅和原子核的衰變現象，也讓科學家得以研究宇宙射線（cosmic rays，見第138頁）。拉塞福（見第98頁）曾說雲室是科學史上「最具原創性和最棒的儀器」。

1927年，威爾森獲得諾貝爾物理獎，因為「他發明了利用凝結水蒸氣，使帶電粒子的運動軌跡被看見的方法」——即使最初這個想法是因為另外一個完全不同的學科而構思的。他親自寫道：「在我整個科學生涯中所做的事，無疑全都源自1894年9月那兩週，受到本尼維斯山景象所感動，而決定要做的那次實驗。」

1913年

學者：
羅伯特‧安德魯‧密立坎
（Robert Andrews Millikan）
哈威‧夫列契
（Harvey Fletcher）

學科領域：
粒子物理學

結論：
單一電子的電荷是1.6×10^{-19}
庫倫

粒子的帶電量
有辦法測量嗎？

測量電子

湯木生（J. J. Thomson）在1897年就已經發現了電子（見第86頁），也測量了電子的荷質比。不過，沒人知道這兩個東西的真正數值；因此，如果可以測量電荷的話，就可以推算出電子的質量。

羅伯特‧密立坎在1910年受聘為芝加哥大學（University of Chicago）的教授前，就已經開始做他的油滴實驗。有了他指導的研究生哈威‧夫列契（Harvey Fletcher）的幫忙，他構想、設置出一個本質上其實很簡單的實驗。

測量非常小的東西

他們利用油滴噴霧器把小油滴噴到觀察室上面的儲藏室，再透過望遠鏡觀察小油滴通過空氣下墜的速度。

接著，他們向觀察室打入一道X光來敲掉一些電子，使得電離後的空氣分子帶正電。當其中一個空氣離子撞擊到小油滴，正電荷就轉移到小油滴上。這件事對小油滴的質量沒有任何影響。

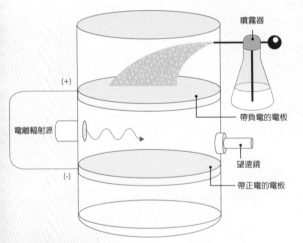

噴霧器

（+）

帶負電的電板

電離輻射源

望遠鏡

（-）

帶正電的電板

**測量
單一電子**

不過，下一步，科學家加了電場進來。

他們在觀察室的上、下方各加了金屬電板，之間的電壓最大可加到5300伏特，下方電板帶正電，上方的帶負電。這個電場和重力互相制衡，將油滴往上推離帶正電的電板，向帶負電的電板前進。科學家可以藉由觀察得知油滴是否繼續下墜、懸浮不動或往上移動，並測量其速度。

他們不知道有多少電荷轉移到每一個油滴，但是他們假設電荷有一個最小基本單位，所以任何油滴上的總電荷數，會是這個單位的倍數——也許是2、4或5乘以那個單位數。

他們已知空氣黏滯係數和每一次的實驗溫度，以及黏滯效應會如何隨極小的油滴變化。因此，從油滴下墜的速度，他們可以計算出每一個油滴的有效重量。

電場

接著，他們將電場接通，然後小心翼翼地調整，直到油滴既不上升也不下墜為止。這是個緩慢又困難的過程。他們總共研究了58個小油滴，其中有些還花了五個小時才觀察完成。油滴維持靜止不動時，他們知道此時油滴的重量和電場對其向上的施力（可由他們所施加的電壓算出）是一模一樣的。既然他們已經知道油滴的重量，利用上面這點，就能計算出油滴所帶的電荷量。

他們也施加更大的正向電場，並觀察這些「向上墜」的油滴。從油滴行進的速度，科學家可以再次測量油滴所帶的電荷量。

把從很多油滴得到的數據放在一起，他們得到一個結論，那就是電荷的基本單位必定是1.592×10^{-19}庫倫，而今日的接受值是1.602×10^{-19}庫倫；密立坎和夫列契所得到的結果與今日接受值差異在1%之內。這小小的誤差大概是因為他們用了不準確的空氣黏滯係數。

發現

從幾個層面來看，這個結果是很重要的。第一，它確認了電荷是由不連續的單位所組成，而不是像湯馬士·愛迪生或其他很多人所認為的，是一個連續的變數。

第二，假如這是可能存在的最小電荷量，那麼，它必定是單一電子的電荷量。

第三，它為亞佛加厥常數（Avogadro's number）提供了一個具體數值。這個常數是要紀念義大利科學家：夸雷尼亞與且雷托的羅倫索·羅曼諾·亞米迪歐·卡洛·亞佛加厥（Lorenzo Romano Amedeo Carlo Avogadro

di Quaregna e di Cerreto），即夸雷尼亞與且雷托伯爵
（Count of Quaregna and Cerreto），而命名為亞佛加
厥常數。他在1811年提出任何氣體的體積（在同溫同壓
下）和它的粒子數成正比（原子和分子）。亞佛加厥常
數是1公克氫的原子數、12公克碳的原子數、16公克氧
的原子數或56公克鐵的原子數；它是6×10^{23}。

密立坎去掉一半的實驗數據這件事惹來了一
些爭議。這種把數據調整得較整齊的作法是不可
取的，可能變成造假。事實上，這些去掉的數
據對密立坎的結論並不會有任何影響，只不過
若保留了所有數據，統計結果的誤差會變得大
一點。

想當然耳，那位博士班研究生哈威・夫列契
做了絕大部分冗長、乏味的工作，是他透過望遠鏡來觀
察懸浮油滴的。不過，在令人費解的情況下，他和密立
坎達成了不尋常的協議：他同意論文發表後，研究功勞
全歸給密立坎一人，以交換他獨占博士論文裡相關
工作的功勞。結果是，夫列契完成了博士學位，
而密立坎在1923年獲得諾貝爾物理獎。

密立坎不相信愛因斯坦在1905年發表的光
電效應，並做了一連串的艱難的實驗，試圖證明
他是錯的，結果反而證明愛因斯坦是對的。他曾
說：「我花了生命中十年時間檢驗愛因斯坦1905
年發表的公式，結果和我預期的結果全部相
反。在1915年，我不得不承認它無庸置疑的
正確性，無論其中有多不合理。」

1914年

學者：
詹姆斯·法蘭克
（James Franck）
古斯塔夫·路德威·赫茲
（Gustav Ludwig Hertz）
學科領域：
量子力學
結論：
首次實驗證明力學的量子理論

量子力學比
我們想像的還詭異嗎？

量子躍遷

　　懸浮的水銀原子會對飛行的電子造成什麼樣的影響？法蘭克和赫茲一起在柏林大學共事。1914年4月14日，在他們共同發表的第一篇論文裡，他們描述了如何讓電子從陰極射出，順著真空管通過一個金屬柵極來到陽極。

　　電子帶負電荷，所以會被帶正電的柵極吸引。如果增加柵極上的正電壓，電子就會加速前進。相對於柵極，陽極稍微帶負電，所以只有動能夠快的電子才能衝過柵極，抵達陽極。

　　這個管子裡面含有水銀蒸氣；將一滴液態水銀放在管中然後加熱到攝氏115度。順著管子飛行的電子很容易會與懸浮在行進路線上的水銀原子發生碰撞。

　　下一步，這些科學家測量電流——也就是到達陽極的電子流。他們發現隨著柵極電壓的增加，電流也平穩地遞增，一直到電壓到達4.9伏特時，電流驟降，幾乎回到0伏特。這表示，電子的速度穩定地增加到每秒130萬公

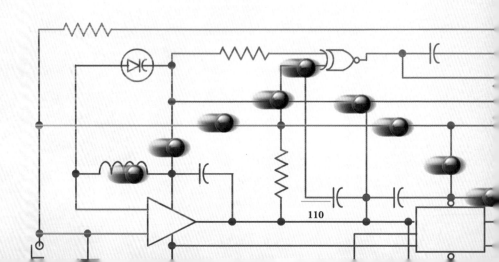

110

尺，然後突然降到零。

　　科學家繼續增加柵極上的電壓，電流又再次平穩地往上爬，一直到電壓到達9.8伏特（也就是2×4.9）時，電流再次驟降。同樣的事也發生在14.7伏特（也就是3×4.9）時。

　　顯然電子只能失去4.9電子伏特的動能，不多也不少。一個比臨界速率還快的電子只失去4.9電子伏特的動能，然後會繼續往前。法蘭克和赫茲指出這個4.9電子伏特的數值剛好和汞原子的其中一條波長為254奈米的譜線相對應。

到底怎麼一回事？

　　一開始，法蘭克和赫茲以為汞原子被飛行的電子電離，不過，尼爾斯‧波耳（Niels　Bohr）利用自己提出的新原子模型，對他們的實驗結果做了不同的解釋。在此之前一年，波耳已經發表了這個見解，但法蘭克和赫茲並不知道這件事。

　　湯木生提出的「梅子布丁」模型（見第88頁）已被拉塞福夫提出的模型取代（見第98頁）。在拉塞福的模型中，小小的原子核四周都是空的，在那個空間有電子飛來飛去，可能是環繞著原子核移動。不過這個模型有

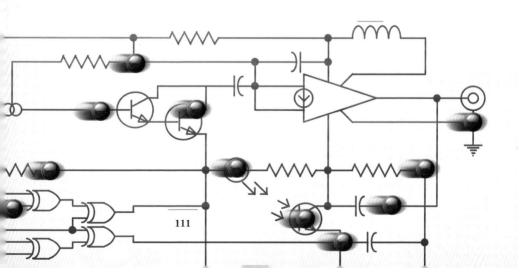

很大的問題。環繞著原子核的電子應該會輻射出光子，但是原子並沒有輻射出光子。而帶負電的電子照理應該會往帶正電的原子核縮塌，卻沒有發生這件事。

能量連續分布？

德國物理學家馬克斯·普朗克（Max Planck）曾提出能量也許不是連續的，而是以不連續的能包（packets）或量子（quanta）的型態存在。在他1905年發表的光電效應裡，愛因斯坦提出這件事對光來說是成立的。

哥本哈根的尼爾斯·波耳心想電子會不會也有同樣的情況。於是他提出一個新的原子模型，在這個模型裡，電子還是繞著原子核轉，不過只處於特定的能階（他稱它們為「定態軌道」，stationary orbits）。在最低的能階上最多可以有兩個電子，而且電子有固定的定態軌道，不能比軌道的位置更靠近原子核。在下一層能階，最多可以有六個電子，以此類推。所有的能階都是量子化的──固定的大小和能量，有點像光的量子性質。

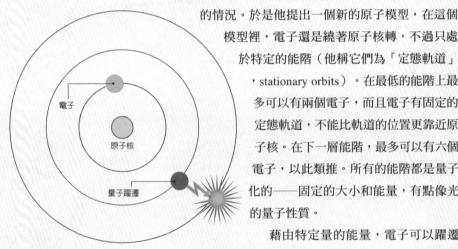

電子

原子核

量子躍遷

藉由特定量的能量，電子可以躍遷到更高的能階（如果還有空位的話），而如果電子跳回原來的能階的話，就會釋放同樣的能量。

波耳指出法蘭克和赫茲觀察到的這4.9伏特的變化，與汞原子兩個量子能階之間的差值能相互呼應；因此，合理的實驗解釋是：汞原子裡的電子受到激發，躍遷至更高的能階。

他也提出這些電子跳回原來的能階時，應該會釋放

波耳效應

波長為254奈米的紫外光。

在1914年5月兩人共同發表的第二篇論文上，法蘭克和赫茲報告在他們的實驗條件下，這些汞發出波長幾乎恰好為254奈米的光，因此證實受激發的原子正在回到它們的「基態」（ground state）。

終於弄清楚了

現在，原始的數據終於有了合理的解釋。汞原子裡的電子不能被小於4.9電子伏特的能量激發，因為4.9電子伏特是介於全滿能態和下一個未填滿能態、兩個量子化能態之間的最小能隙。

當電壓小於4.9伏特，自由電子僅會碰撞、彈離汞原子，然後繼續往柵極和陽極前進。然而，當電壓到達4.9伏特，大部分的自由電子會帶著足夠的能量猛擊汞原子，因而激發原子；之後，這些自由電子因失去動能而無法到達陽極；因此，電流驟降到幾乎是零。

當電壓到達9.8伏特，幾乎所有的電子都跟兩個汞原子發生碰撞，一個接著一個，並在完全失去動能前，激發這兩個汞原子。再一次，電流又驟降到幾乎是零。

這些被激發的電子跳回了它們原來的量子能階，所有被激發的汞原子很快會開始發出波長254奈米的光。

因此，這是支持初期量子力學的第一個實驗證據。在法蘭克發表這些結果之後幾年，據說愛因斯坦曾評論：「這研究結果太好了，讓人感動得想哭。」它證明了電子不需以「移動」的方式前往新目的地，在不同的運行軌道之間，可以突然出現和消失。有點像火星毫無預警地出現在新的軌道，然後又突然回到它原來的軌道。這就是有名的量子躍遷（quantum leap）。

第五部：更深入探索物質
1915年-1939年

在 19世紀末，物理界的其中一位大老克耳文勳爵曾有一句名言：「物理學界現在沒有什麼新鮮事了。」不過，語畢沒幾年，狹義相對論和量子物理就徹底改變了我們對整個世界的看法。

到了20世紀，物理變得更奇怪而詭異。1915年，愛因斯坦闡明重力可以扭曲時空關係；拉塞福完成煉金術士的夢想，把一種元素轉換成另一種元素；一位比利時神父提出宇宙始於一個「宇宙蛋」。

法國貴族物理學家路易・德・布羅意（Louis de Broglie）

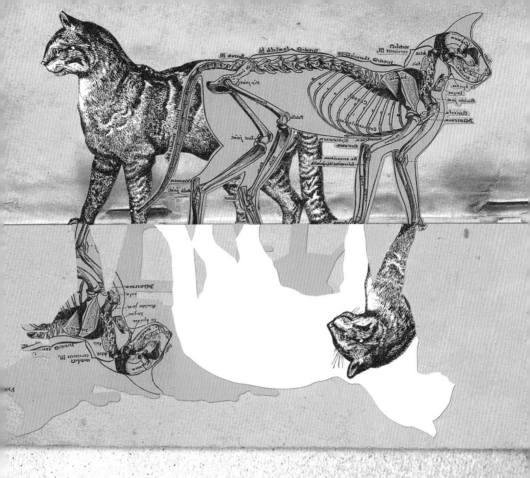

大膽提出或許電子也有波的行為，後來貝爾實驗室（Bell Labs）的戴維森（Davisson）和革末（Germer）證明這件事居然是真的：電子是粒子也是波。接著保羅‧狄拉克（Paul Dirac）預測了反物質（antimatter）的存在，果然到了1932年，加州理工學院（Caltech）的卡爾‧安德森（Carl Anderson）發現了反物質。

不再有「愈來愈精準的測量」這件事──海森堡（Heisenberg）闡述在原子尺度下，精確測量出物質的位置和速度是不可能的。物理學將永遠不確定了。

1915年

學者：
阿爾伯特・愛因斯坦
（Albert Einstein）

學科領域：
廣義相對論

結論：
時間和光受重力影響

重力和加速度有關嗎？

愛因斯坦的廣義相對論

伽利略已經證實大物體和小物體是以同樣的速度落下（見第31頁）。試著想像一顆番茄從一位電梯裡的觀察者手中掉落，不過，在番茄掉落的那一瞬間，電梯纜繩也同時斷裂。於是電梯連同裡面的觀察者和這顆番茄也會往下墜。由於所有東西都以同樣的速度下墜，所以番茄會待在原地，也就是觀察者的手邊。所有的東西都以自由落體的方式往下墜。

一艘太空船在軌道上繞著地球轉，這艘船裡的太空人也以自由落體的形式往下墜。他也許感受不到任何重力，但事實上，地球引力正以夠大的力量把太空人和太空船往地球方向拉，使他們能夠保持在軌道上。如果此時嘗試讓手中的番茄掉落，這個番茄會像前面所提的那顆下墜電梯裡的番茄一樣，停留在太空人的手邊。

火箭引擎燃燒發射時，太空人會感到一股把他向下推往火箭尾端的力量，這種力量就像火箭從地球起飛前被重力往下拉的力量一樣。事實上，引力的效應和加速度的效應是一模一樣的。

這就是愛因斯坦的「等效原理」（equivalence principle）；他稱為他「最快樂的想法。」不過，這並不完全是他首創的，在此之前1000多年，《一千零一夜》中就提到過，辛巴達（Sinbad）「向下墜落的速度快到他感受不到自己的重量」。

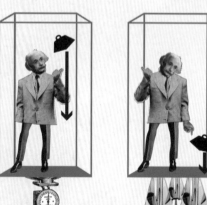

相對於地球
表面靜止

在火箭上

加速度和時鐘

在太空船尾端裝有個古怪的鐘——頻閃閃光燈（strobe light），以每秒十次的頻率閃爍。太空船橫躺在地球上靜止不動時，閃光以每秒十次的頻率抵達太空船的前端。然而，太空船在太空中加速前進時，這些閃光抵達前端的頻率減少了。它們仍以每秒十次的頻率離開船尾，不過，在每次閃光之間，太空船都增加了一些速度，於是閃光要花愈來愈久的時間抵達前端；也許只以每秒九次的頻率抵達。

因此，在這個加速參考座標（這艘太空船），對於位在前端的觀察者而言，這個在尾端的鐘慢了下來。訊號受到重力紅移（gravitational redshift）的影響（見第136頁）。

因為加速度和重力有相同的效果，一個在強重力場裡的鐘會變慢，這是「重力時間膨脹」（gravitational time dilation）。

相反的，在加速或處於重力場的情況下，如果頻閃閃光燈是位於太空船的前端，那麼，在船尾的觀察者會看見鐘變快——也就是重力藍移（gravitational blueshift）現象。

自從愛因斯坦在1915年發表他的重力頻移（gravitational frequency shift）理論後，這個理論已經由很多不同實驗的驗證。1960年，羅伯特·龐德（Robert Pound）和葛倫·雷布卡（Glen Rebka）讓加馬射線上下通過一個高22公尺的樓房，結果顯示這些射線的頻率果然出現預期中的改變。

原子鐘實驗

另一個更引人注目的實驗，是物理學家喬瑟夫·哈斐勒（Joseph Hafele）和天文學家李察·基亭（Richard Keating）在1971年10月美國海軍天文臺（U.S. Naval Observatory）利用原子鐘（atomic clock）所做的測試。他們把四個極精準的原子鐘放在客機上，首先向東飛，然後向西飛，各繞地球一圈，然後他們再把飛機上所顯示的時間，跟海軍天文臺的原

子鐘所顯示的時間相互比較。

與相對於地球中心靜止的座標系統相比，廣義相對論（general relativity）預測在空中的所有時鐘應該會比地面上的時鐘走得快，因為9000至1萬2000公尺高處的重力比較小。

同時，狹義相對論（見第95頁）預測，一個向東飛、和地表移動方向相同的時鐘，會比地面上的時鐘移動得還快，所以上面的時間會變慢；而往西飛的時鐘會比地面上的時鐘移動的慢，因此上面的時間會變快。把這些因素都考慮進去後，結論是，相較於在美國海軍天文臺的時鐘，往東飛的時鐘預計會少掉大約50奈秒（10億分之1秒），往西飛的時鐘預計會多出275奈秒。實驗結果果然和預期的一樣。

重力和光

想像剛剛提到的那位在軌道上航行、太空船裡的太空人。他們都以自由落體的方式落下，因此這艘太空船是一個慣性參考系（見第96頁）。此時太空人朝對面的一道牆射出一把箭，箭穿越太空艙射中牆上的目標。但是，如果箭射出的那一瞬間，火箭引擎點燃，太空船加速前進，那麼箭將會錯失目標，擊中更靠近太空船尾的牆。

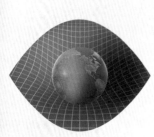

如果射出的是一道貫穿太空艙的雷射光，同樣的情形也會發生；在自由落體的情況，它會直線前進，但在加速度的影響下，光線會彎曲，如果加速度夠快的話，這道光也會錯失目標。

因為重力場等於加速度，所以重力也會扭曲光束；如果這位太空人發射貫穿太空艙的雷射光時，太空船是停在發射臺上尚未升空，那麼，這道光在地球重力的影響下仍會向下彎曲，雖然只有極小的幅度。

愛因斯坦提出了革命性的新見解：根本沒有重力這種力，而是靠近像地球這樣的龐然大物時，時空本身就是彎曲的（見第97頁），因此太空船和太空人的自然運行狀態不是牛頓時空觀裡的一直線，而是一個軌道。

可以把鉛變成金嗎？

元素改變的極限

1919年

學者：
歐內斯特・拉塞福
（Ernest Rutherford）
學科領域：
原子物理
結論：
元素可以改變，但是鉛不能
夠變成金

拉塞福才剛成功利用阿法粒子（氦的內核）找到能解釋原子結構的新模型（見第98頁），他就利用同樣的轟擊工具把氮變成氧。

他早已注意到阿法粒子穿越空氣時，射程很短，還發現它們跟空氣分子碰撞後，會產生神祕的射線，這些射線「在硫化鋅（zinc sulphide）螢幕上產生好幾個閃爍光，而這些閃爍光都超出阿法粒子能製造的範圍，不像是阿法粒子造成的。造成這些閃爍光且移動快速的原子帶正電荷，行進路線可以被磁場偏轉，而且射程與能量非常接近阿法粒子通過氫氣時，所產生飛快的氫原子的射程和能量……」

在金屬箱子裡距離一端大約3公分處擺一個強烈放射源鐳C，箱子一端的開口則用一片厚的銀板蓋住。這片金屬的阻擋能力相當於約6公分厚的空氣。硫化鋅螢幕則設置在箱子外距離銀製厚板約1公釐處，這樣一來，中間就還能插入吸收箔……將箱子內的空氣完全抽出……將乾燥的氧或二氧化碳注入容器時，閃爍光的數目減少了，與氣體的阻擋係數計入後的預估值大約吻合。然而，注入乾燥空氣時，發生了令人驚訝的事。閃爍光的數目不減少反增；當吸收度相當於19公分厚的空氣時，閃爍光的數目大約是真空時的兩倍。從這個實驗可以清楚看到，阿法粒子穿越空氣時，產生了長射程的閃爍光；從肉眼看起來，

這些閃爍光和氫氣造成的閃爍光亮度幾乎相同。

拉塞福當時已知氧氣不會造成這些閃爍光，而且也知道99%的空氣是氧氣和氮氣的混合物；所以合理的推測是：這些射線來自阿法粒子和氮分子的碰撞。

猛轟氮原子

於是他利用阿法粒子來撞擊純氮氣，在這些撞擊後的產物中，他再次觀察到氫原子的內核。我們稱它們為H⁺或質子（protons），不過當時質子尚未發現，也未經命名，所以他稱之為氫內核（hydrogen nuclei）——必定是撞擊把它從氮原子核裡敲出來的。

他發現「……比較有說服力的結論是，這些阿法粒子和氮氣碰撞後產生的長射程原子不是氮原子，而可能是帶電的氫原子……果真如此的話，結論必定是：和飛快的阿法粒子近距離劇烈碰撞後，氮原子被分解了，而這個被釋放的氫原子是構成氮原子核的一部分」。

換言之這個結果對拉塞福來說，代表氫內核是組成氮原子內核的一部份，可能是所有原子內核的一部分，至少看起來有可能是這樣，因為氫是最輕的元素，而大部分的元素具有大約是氫原子質量倍數的原子量。舉例來說，假設氫的原子量設在剛好是1，一些相對的原子量分別是：碳12.0；氮14.0；氧16.0；鋁27.0；磷31.0和硫32.1。

想想有這麼大而強烈的力量參與作用，氮原子會被分解也就不足為奇了，儘管阿法粒子本身逃脫了被分解成其組成成分的命運。整個結果顯示出，如果有能量更高的阿法粒子——或其他類似的轟擊工具——可用

來做實驗的話，不難想像我們還能再進一步分解許多

其他更輕的原子核結構。

核反應

搬到劍橋後，拉塞福請派屈克·布萊克特（P.M.S. Blackett）利用雲室來研究阿法粒子和氮氣之間的反應。不到1924年，布萊克特就已拍下2萬3000張可見到41萬5000條電離子軌跡的照片——其中八條軌跡顯示出阿法—氮氣碰撞後產生了一個不穩定的氟原子，這個氟原子接著變成一個氧原子和一個質子。[N + He → [F] → O + H]

1920年，拉塞福堅稱氫原子核極有可能是構成原子核的一個基本組成，也是一種新的基本粒子；他稱為質子。

之後又過一年，拉塞福和尼爾斯·波耳共事，他又提出大部分的原子核裡很可能還有一種能削弱正電質子之間排斥力的電中性粒子。他提議也許能稱這種粒子為中子（neutrons）。

1919年

學者：
亞瑟・斯坦利・愛丁頓
（A. S. Eddington）
法蘭克・華生・戴森
（F. W. Dyson）
查爾斯・大衛森
（C. Davidson）

學科領域：
天文物理

結論：
愛因斯坦是對的

有辦法證明
愛因斯坦是對的嗎？

廣義相對論的實驗驗證

愛因斯坦的廣義相對論充滿爭議；要如何以數據來佐證？

1882年，亞瑟・愛丁頓（Arthur Eddington）誕生於英國肯德爾（Kendal），是一位貴格會教徒（Quaker）與和平主義者，31歲就成為劍橋大學的天文學教授。他是個以直覺來思考的人，對於如恆星的結構、恆星的能量是從哪裡來這類的問題，他喜歡直覺性先用猜測——再尋找證據來支持他的這些直覺想法。後來事實證明他通常是對的。

愛丁頓得知愛因斯坦的廣義相對論（見第95頁）後，感到很興奮。英國和德國當時正在打仗；因此，只要是侵略主義派的的英國人，都不會對廣義相對論有興趣；不過，愛丁頓抱持著和平主義，後來也變成相對論在英國的擁護者。

結果，他和皇家天文學家法蘭克・華生・戴森（Frank Watson Dyson）合作，為了要收集可能可以證明愛因斯坦理論的證據，兩人組織了兩支隊伍，遠赴異地去觀測1919年5月29日的日全食，並一起說服政府資助所需的費用。

那個預測

廣義相對論預測重力會使光束彎曲。遠方恆星發出的光如果通過太陽附近，這道光束應該被太陽強大的重力場拉向太陽，因此，恆星的位置看起來會稍微有點偏差。

然而，大部分時候這個偏差是沒辦法觀測到的，因

為從太陽來的光會遮蔽看起來正好通過它邊緣的遠方恆星。然而，發生日全食時，太陽光被月亮遮住了，所以有幾分鐘的時間這些恆星就能用肉眼見到。在發生全食（totality）時所拍的照片可以與後來拍的照片相互對照，這樣一來，就能核對遠方恆星的位置。

　　這個效應預期是非常小的。如果這個理論正確，光束應該會以極微小角度偏折。圓被分割成360度（degrees）；每一度分割成60分（minutes）；每一分再分割成60秒（seconds）。相較於實際距離，恆星看起來應該會離太陽更遠。牛頓重力說預言這道星光會偏折0.87弧秒（也就是少於1秒）；愛因斯坦則預言光會偏折1.75弧秒——整整是兩倍。

該在世界的哪裡觀察？

　　日全食的觀察路線要從巴西開始，橫越大西洋後到達非洲，接著橫跨非洲中部一直到坦加尼喀湖（Lake Tanganyika）。科學家決定派遣遠征隊分別到巴西的索布拉爾（Sobral）和中非西部幾內亞灣（Gulf of Guinea）的葡萄牙屬地普林西比島（Portuguese island of Principe）。

　　他們蒐羅了當時最好的天文望遠鏡，另外訂做了一種可以摺疊收起的帳篷，在1919年3月8日登上安賽姆號（Anselm）踏上旅途。巴西隊在3月23日抵達巴西海岸，再改搭輪船和火車，最後終於抵達索布拉爾。

　　同時，普林西比隊搭乘安賽姆號，最遠航行至馬德拉（Madeira），之後改搭葡萄牙號（Portugal），在4月23日到達普林西比。他們在一個俯瞰大海、朝西的小圍牆裡設置了觀測儀器。

日全食當天

　　那天早上巴西是陰天，初虧發生時（當月

亮開始與太陽圓面接觸），天空烏雲密布（十分之九的雲量），但所幸還有露出一點太陽，這已足夠讓他們把天文望遠鏡對準並調整好。接著雲層逐漸散開，全食發生的前一分鐘，太陽周圍一點雲也沒有。太陽逐漸消失的同時，他們啟動了節拍器，其中一個人每十拍就喊一聲；這是他們為曝光計時的方法。他們透過兩臺照相機，總共拍了27張底片。

普林西比那一隊人馬就沒有那麼幸運了，當天預計下午2點15分發生日食，早上卻颳起強烈的暴風雨。幾乎一整個早上雲層都很厚，將近1點55分時，他們才有機會從浮雲之間的縫隙見到太陽。好不容易他們拍到了16張照片，但只有其中七張可用。

後來，因為輪船公司罷工，他們差點就要被留在島上好幾個月；但他們終於在7月14日想辦法回到了英格蘭。

結果和結論

描述他們遠征經歷的論文長達45頁，其中包含了許多頁的圖表和計算，不過簡單來說，對於星光偏折的總結是：

巴西	1".98±0".12
普林西比	1".61±0".30

這兩個結果都和廣義相對論的預測值1".75比較接近，而與牛頓力學估算的數值0".87相差較遠。因此這些測量為愛因斯坦理論提供了強而有力的證據（±符號代表估算的誤差，也就是他們計算在巴西的觀測值是介於1".86和2".10之間）。

在1920年代和1930年代期間，愛丁頓寫了很多風靡一時的書，主題包括相對論、原子、恆星和宇宙學。他的演講和訪談多達數十場，愛丁頓還成了廣播界的巨星和家喻戶曉的人物。

粒子自旋嗎？

斯特恩—革拉赫實驗

1922年

學者：
鄂圖‧斯特恩（Otto Stern）
瓦爾特‧革拉赫
（Walther Gerlach）
學科領域：
原子物理學和量子力學
結論：
電子只能以兩種方式自旋

大約在1920年，科學界對於剛提出的量子力學和原子結構還是有一些爭論。在古典（拉塞福）模型中，帶負電的電子是在帶正電的原子核周圍移動。這表示它有像小磁鐵一樣的行為；這是在法拉第時期就已知的事（見第66頁）。

假設一磁場是不均勻磁場，例如磁北極比磁南極強（或反過來），這時如果讓一束原子通過這個磁場，那麼它應該會偏折，因為這些小磁鐵會受到磁場的吸引或排斥。假設原子的方向是可以任意取向的，那麼往任何方向偏折的機率應該都相同。因此，古典理論預測這條原子束會往各方向散開。如果它撞擊在螢幕上的話，則會形成一片大面積區塊。

粒子自旋值

量子力學的先驅尼爾斯‧波耳，提出這樣的粒子只可能有兩種磁矩（magnetic moment）或自旋量子數（spin）：+1/2或−1/2。原子的方向應該不會造成任何影響。這是自旋本身的量子性質。如果真是這樣，那麼這條原子束應該會一分為二，在螢幕上形成兩個區塊。鄂圖‧斯特恩是在現今波蘭出生的德國猶太人，曾與愛因斯坦共事，1915年移居德國的法蘭克福（Frankfurt）。瓦爾特‧革拉赫，也是一位德國物理學家，第一世界大戰時曾加入德軍，1921

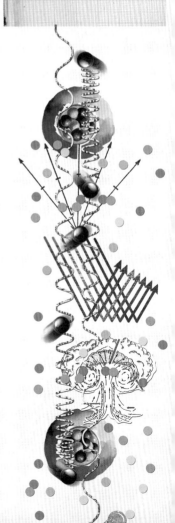

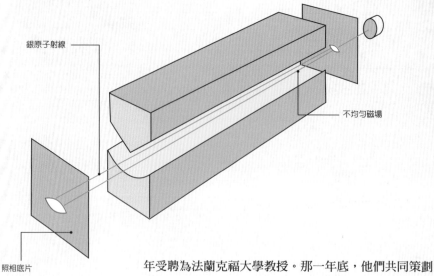

銀原子射線

不均勻磁場

照相底片

測試
核型原子

年受聘為法蘭克福大學教授。那一年底，他們共同策劃了下面所要談的有名實驗。斯特恩曾說：「這個實驗一旦成功，將會說明到底量子理論，還是古典觀點才是正確的。」然而，他後來去了羅斯托克（Rostock）大學，在那裡成為教授，並在1933年移民美國。

成功

1922年初，在法蘭克福大學，革拉赫發射一束銀原子，讓它通過磁場。當時由波耳和索莫菲（Sommer-feld）提出的最新理論是：銀原子核應該有自旋。

磁場是均勻磁場時，射線在螢幕上造成一條寬條紋。當他將磁場變成不均勻磁場，這條寬條紋從中間散開分成兩條線，上下合起來看就像一個唇印。

結果看來，是量子理論與波耳—索莫菲模型得到了勝利。

但是⋯⋯

很遺憾，波耳和索莫菲是錯的。銀原子核沒有自旋。當時沒人知道其實是電子才會自旋，這件事一直要到三年後，由烏倫貝克（Uhlenbeck）和高斯密特（Goudsmit）提出來，大家才了解。銀原子有23對電子和一個在外圍的單一電子。是這個單一電子的自旋造成了上述實驗中原子束的分裂。（所有原子序為奇數的元素都有奇數個電子，包括氫、鋰、硼、氮、氟、鈉——和銀。）

所以斯特恩—革拉赫實驗的結果是正確的，雖然對此結果的解釋有誤。儘管如此，這仍是一次勝利，因為實驗提供了第一個量子力學量子化最直接的證據——也就是自旋只能有兩種量子數。

之後，類似的實驗顯示一些原子核的確有自旋現象。1930年代，伊西多·拉比（Isidor Rabi）說明了原子核的自旋可能發生翻轉，這成為醫療用的核磁共振影像儀的基礎。1960年代，諾曼·F.藍夕（Norman F.Ramsey）再把拉比儀器作了調整，製造出原子鐘（atomic clocks）。

雖然這個實驗是由革拉赫獨力完成，卻只有斯特恩獲得諾貝爾獎；顯然革拉赫當時為納粹政府效力這件事，最終令他無法得獎。儘管如此，斯特恩—革拉赫實驗仍是公認量子物理中最偉大的實驗之一。

學者：
克林頓‧戴維森
（Clinton Davisson）
列斯特‧革末
（Lester Germer）
學科領域：
量子力學
結論：
電子同時具有粒子性和波動性

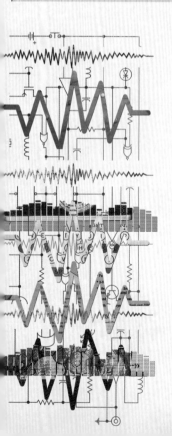

粒子有波動性嗎？

波粒二象性的證明

可想而知，物體若不是粒子就是波——或者可能兩者皆是嗎？1924年法國物理學家，路易‧德布羅意，精確來說是路易‧維克托‧皮耶赫‧黑蒙（Louis-Victor-Pierre-Raymond），也就是第七代布羅意公爵（7th duc de Broglie），在他的博士論文中提出電子具有波動性。他甚至大膽提出所有的物質都具有波動性。這種說法對古典物理學家而言是離經叛道。不過量子力學逐漸成為主流，而且日新月異，也許他的想法有一些道理。更重要的是他推導出能說明粒子能量與波長之間關聯的公式。

畢竟，愛因斯坦在1905年發表的光電效應論文裡，就已闡述光是粒子也是波，合而為一成為我們今天所稱的光子（photons）。然而，這個特性也可能適用在其他的物質上嗎？哥廷根（Göttingen）的華爾特‧愛爾沙色（Walter Elsasser）曾建議，也許可以透過結晶體產生的散射現象來研究物質的波動性。

亞瑟‧康普頓（Arthur Compton）在1923年所做的實驗顯示，從通過石墨（graphite）所產生的X散射光（或其他形式的電磁波散射光）可以得知X光似乎具有一些質量，也就是具有一些粒子的特性。

那個實驗

1927年在新澤西州的貝爾實驗室（Bell　Labs），

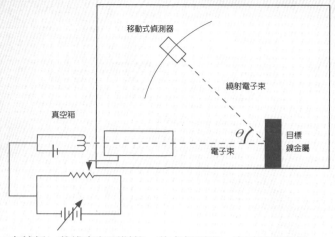

移動式偵測器

繞射電子束

真空箱

θ

電子束

目標
鎳金屬

克林頓・戴維森和列斯特・革末想要用一束電子轟擊鎳
金屬，來深入研究其表面結構。他們經由燃燒金屬細線
來釋出電子束，接著利用適度的電壓來加速電子束，還
可以藉由調整電壓來改變電子束的動能：在電壓50伏特
時，這些電子就帶有50電子伏特（eV）的動能。

他們將電子束以垂直角度射向鎳金屬表面，並用一
個移動式的偵測器來測量其反射的角度。他們預期粗糙
的表面會使電子任意朝各個方向散射，果然結果如他們
預料：「電子……撞擊時以全速向各個方向散射出去。」不
過在一次實驗意外後，他們發現了意想不到的事。

意外驚喜

為了防止與空氣分子碰撞，整個實驗儀器安置在真
空箱內。但很不巧，空氣滲了進去，實驗用的鎳金屬表
面因此覆蓋了一層氧化鎳（nickel oxide）。他們將這片鎳
金屬加熱到高溫，藉此為金屬去氧化。戴維森和革末當
時並不知道高溫會改變鎳的結構，所以原本布滿微小結
晶的表面現在則被幾塊大結晶所覆蓋，其中一塊比電子
束還要寬。這造成的結果是，當他們再次嘗試做這個實

驗時，電子束被一塊鎳單晶體彈回。

現在他們發現：雖然一部分的電子束仍是往各個方向四散，在特定的電壓下，許多電子會以特定的角度彈回。舉例來說，在加速電壓54伏特時，他們發現反射的電子多集中在50度角的地方。這就像角度剛剛好時，會突然看見從一棟高樓的窗戶，或遠處的車窗反射來的太陽光。

1915年，威廉‧亨利‧布拉格（William Henry Bragg）與兒子威廉‧勞倫斯‧布拉格（William Lawrence Bragg）因為致力於「利用X光來研究晶體結構」，在此領域有卓越的貢獻而贏得諾貝爾獎。他們證明X光會被晶體以特定的角度彈回，因為晶體是由很多層原子組成的，當角度剛好時，這些原子層對X光來說就像一面又一面的鏡子。不久後，X光被用作解結晶構造的工具，因為透過測量X光繞射的角度，就能計算出原子層之間的距離。

粒子性和波動性

戴維森和革末的報告中指出：當他們調到特定電壓時，會有幾組界線清楚的電子束以特定角度從晶體反射出來，每一組有三或六條電子束。20組像這樣的電子束，以他們預期中應是X射線反射角的角度反射出來。

換句話說，他們發現電子有跟X光一樣的性質，也就是具有波動性。

在這個實驗之前，科學家以為電子只不過是單純帶負電的粒子，不過現在它卻有了波長。就某個程度來講，這與闡述光有粒子性的康普頓效應（Compton effect）相反。戴維森和革末所證明的是：粒子可能具波動性，正如同波可能具粒子性一樣。

所有事情
都有不確定性嗎？

海森堡不確定性原理

1927年

學者：
維爾納・卡爾・海森堡
（Werner Karl Heisenberg）
學科領域：
量子力學
結論：
在微觀領域，任何事都有不
確定性

假如我們知道一個粒子移動得有多快，我們就不能同時知道它的位置。德國物理學家維爾納・海森堡是研究量子力學的先驅之一。他在1901年出生於德國符茲堡（Würtzburg），並於慕尼黑和哥廷根研讀物理和數學。1924年末，他加入尼爾斯・波耳在哥本哈根的研究團隊，也就是在那裡，1927年，海森堡一面研究如何以數學方法支持量子力學，一面建構出不確定性原理（uncertainty principle）。

臆想實驗

他不喜歡量子理論的原始模型，在這個模型裡，電子以固定的軌道繞原子核旋轉；因為他認為，既然不能真正觀測到電子的軌道，那麼就不能合理地宣稱電子的存在。唯一能觀測到的是它們從一個軌域跳到另一個軌域所放出或吸收的光。於是，他做了一個臆想實驗（見第95頁）。顯微鏡通常透過光將影像映入眼中。從太陽或電燈來的光照亮所要觀察的樣本；一些光從樣本向上反射進入顯微鏡鏡筒，穿過幾個透鏡和鏡子，然

後進入觀察者的眼睛。海森堡想要直接觀察電子，但是不能藉由光來觀察，因為可見光的波長太長了；它「看」不見微小的電子。這個道理就類似用一張捕魚網沒辦法補到一小撮灰塵。

為了要得到更高的解析度，他想像有一座利用加馬射線，而不是利用可見光來觀察的顯微鏡。加馬射線就類似光波，但是波長非常短，也就是說這座顯微鏡有超高的解析度；也許海森堡就可以直接用它來觀測電子，並找出電子位置。

無解的矛盾

但是加馬射線的能量遠遠大於一般光束——能量大到在加馬射線被電子彈回的同時，必然也會對電子施力，把電子猛力推往另一個未知的方向。因此假如海森堡想要找出電子更精確的位置，他就需要用更高能量的加馬射線，但這樣一來卻會對電子施力更猛。

換句話說，他愈是精確地測出電子所在位置，就愈不能知道電子移動的速度和方向。

相反地，他愈能精確地推斷電子走的軌跡，他就愈不能知道電子的所在位置。

雖然他海森堡在思考如何測量電子位置的過程中，逐漸產生這樣的想法，但他明白這種不確定性和測量的方法完全無關，

$$\Delta p \cdot \Delta q \gtrsim h$$

而是量子世界內在固有的性質。

　　在一封日期為1927年2月23日的信中，海森堡向朋友沃夫岡‧包利（Wolfgang Pauli）說明了他的想法。他推導出這個想法的數學證明，還在同一年發表了完整的論文。這個理論後來被稱為海森堡不確定性原理（Heisenberg's uncertainty principle），也適時地為「哥本哈根詮釋」（Copenhagen interpretation of quantum mechanics）奠定了一部分的基礎。

今非昔比

　　不確定性聽起來也許不重要，但卻微妙地改變了整個物理學。在此之前，理論上若實驗者知道某個時刻粒子的確切位置和軌跡，那麼他應該就能預測出未來任一時刻，這個粒子的位置會在哪裡。這是具確定性的宇宙——也就是牛頓所指的情況。

　　海森堡不確定性原理顛覆了這一切；因為現在他已經證明：粒子的位置和它的運動軌跡是不可能同時確切知道的。

　　所幸，這件事只適用於量子力學領域。在我們「真實」的世界裡，儘管不確定性仍存在，但是實在太小了，所以難以測量，也無關緊要。牛頓物理讓人類登上月球；而且讓我們能在路上駕駛汽車；在一點運氣和技巧的加持下，還能夠接到棒球。

1927-1929年

學者：

亞歷山大・亞力山德羅維奇・傅里德曼（Alexander Alexandrovich Friedman）

喬治・亨利・約瑟夫・愛德華・勒梅特（Georges Henri Joseph Édouard Lemaître）

艾德溫・包威爾・哈伯（Edwin Powell Hubble）

學科領域：

宇宙學

結論：

宇宙起源於大霹靂，而且始終在不斷地快速膨脹

為什麼宇宙在不斷膨脹？

宇宙蛋

亞歷山大・傅里德曼是俄羅斯伯爾姆國立大學（Perm State University）的教授，他在1922年一篇以德文發表的深奧晦澀的論文裡提出也許宇宙正在膨脹。

一位比利時的天主教神父亨利・勒梅特也獨立提出類似觀點，在1927年發表一篇題為「定量物質的均勻宇宙與由銀河系外星雲的視向速度得知不斷擴張的半徑」的論文（A homogeneous Universe of constant mass and growing radius accounting for the radial velocity of extragalactic nebulae）。在論文中他推導出後來所稱的哈伯定律（Hubble's Law），並估算出後來所稱的哈伯常數（Hubble constant）。不幸的是，這篇文章發表在不出名刊物上（《布魯塞爾科學學會年鑑》，Annals of the Scientific Society of Brussels），所以在比利時以外很少受到注意。

不過勒梅特曾到劍橋留學，是亞瑟・愛丁頓的研究生（見122頁），之後還去美國；因此在英語系天文學界小有名氣。愛丁頓栽培他，並把他大多論文譯成英文。

最初不能說服愛因斯坦

愛因斯坦對勒梅特推導出的數學公式表示贊同，不過他不相信宇宙正在膨脹。勒梅特回憶愛因斯坦曾說過：「你的數學計算是正確的，但你的物理實在差勁透了。」

1931年勒麥特在《自然》（Nature）期刊上發表了一篇論文，裡面提到：

　我寧願相信目前的量子理論所談的宇宙起源，和自然界當
下的規律有很大的出入。從量子力學的觀點來探討熱力學
定律，也許可以用下列幾點來陳述：（一）總量一定的能
量以不連續的量子型態分布。（二）這些各自獨立不可再
分割的量子，數目正在不斷增加。假使我們隨著時間倒
流，必定會發現量子的數目愈來愈少，最後會發現所有宇
宙的能量都容納在極少數，甚至是單一特定的量子中。

　勒梅特說宇宙是從一個奇點擴展來的，之後又說：「宇宙
蛋（Cosmic Egg）是在宇宙創生的那一刻爆發開來。」後來，
一位不信宇宙正在擴張的英國天文物理學家弗萊德・霍伊爾
（Fred Hoyle）在廣播節目中，輕蔑地稱此理論為「大霹靂理
論」（Big Bang Theory），從那時起這個稱呼就沿用至今。

　愛因斯坦最後終於接受了勒梅特的見解。在加州一場研
討會上，聽過勒梅特的演講後，愛因斯坦說：「關於宇宙的
創生，這是我聽過最棒、最令人滿意的解釋。」

美國人的加入

　艾德溫・哈伯在伊利諾（Illinois）與肯塔基州
（Kentucky）長大，年輕時承諾過父親他會走法律這條路，
他履行了諾言，前往牛津修習法律，成為首批「羅德學者」
（Rhodes Scholars）之一。不過，他的父親去世後，哈伯又
回過頭去研究他真正喜歡的天文學。

　第一次世界大戰結束後，他在英國劍橋待了一年，之後

在加州帕沙第納（Pasadena）威爾遜山天文臺（Mount Wilson Observatory）謀得一職，從此在那裡度過他的一生。

在各式各樣的星雲中，哈伯研究的是一種稱為造父變星（Cepheid variables）的特別星種，其中包括了仙女座星雲（Andromeda Nebula）。造父變星是一種會規則性地變亮和變暗的星星，一次亮度的脈動週期會持續好幾天。因為亮度和脈動週期之間存在著簡單的關係，特別能引起科學家的興趣。也就是說從脈動週期，天文學家可以推算出恆星的絕對亮度。因為這個原因，它們被稱為「標準燭光」（standard candles）。

知道標準燭光的實際亮度後，天文學家可以從視亮度計算出它與地球的距離。

星雲是指一團塵埃或氣體。1920年代初，我們認為所有星雲都位在我們這個星系，是銀河系中一團團塵埃或氣體，當時我們以為銀河系就是全宇宙。哈伯發現其實還有很多星系比銀河系最遠的星星還遠得多，這些星雲正是很遙遠的星系。突然間，他證明了宇宙比大家所想的還大好幾百萬倍。

紅移

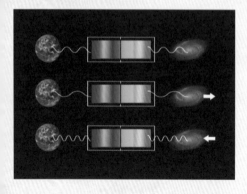

1929年，哈伯對46個遙遠星系的紅移進行研究。那時已知當一個星系（或一顆星星）遠離我們時，從它傳向地球的光會發生紅移（redshifted）——也就是位移到光譜中較接近紅色（長波長）的位置。

我們現在知道這是因為空間本身在擴張的關係；這個結果有一點像都卜勒效應（見第69頁）。紅移現象愈顯著，表示這個星系正以愈快的速度遠離我們。哈伯發現遙遠星系的紅移程度大約和它的距離成正比。換句話說，一個愈遙遠的星系，遠離我們往後退的速度就愈快。

反物質存在嗎？

尋找正電子和負質子

1932年

學者：
卡爾・大衛・安德森
（Carl David Anderson）

學科領域：
粒子物理學

結論：
除了普通物質外，也存在反物質

英國理論物理學家保羅・狄拉克（Paul Dirac）——有時被稱為繼艾薩克・牛頓之後最偉大的理論學家——發展出一套自己獨特的數學方程式，其中結合了量子力學和狹義相對論。他描述了電子接近光速時的行為，接著想通一些不尋常的事情。他於1928年推導出來、適用於帶負電的電子的方程式，竟然也在粒子帶正電的情況下成立。

接著他提出不只電子有與它相應的各方面等效、電荷相反的粒子，其他所有粒子都存在與之相對應的反粒子。質子和電子合起來形成原子，反質子和反電子合起來形成反原子。換句話說，他預言存在一種前所未見的反物質（antimatter）。

他甚至提出可能存在全由反物質所組成的太陽系：

就自然界的基本法則而言，假如我們接受正電荷和負電荷之間完全對稱這個觀點，我們必須將地球上（大概可說是整個太陽系內）絕大多數存在負電電子和正電質子這件事視為偶然。很有可能對某些星體來說，情況正好相反。在這些星體上，物質絕大多數是由正電子和負質子所組成。事實上，也許這兩種星體各占一半。而且這兩種星體有一模一樣的光譜，以目前的天文方法，根本沒辦法區辨它們。

所以狄拉克提出也許存在著由反物質構成的恆星和行星，此刻正漂浮在太空中。

奧地利，1911-1913年

在這之前15年，奧地利物理學家維克托‧赫斯（Victor Hess）一直對大氣層中電離輻射的數量感到興趣。一直以來，科學家以為存在於大氣層中的電離輻射是由地表上的放射性岩石產生的，但是赫斯計算過，如果真的是這樣，那麼離地球表面高500公尺處就應該測不到輻射線了。於是，他決定實際測試這個理論。

冒著一定的風險，他搭乘一臺由十個氣球帶動的飛行器飛上高空。他發現一直到離地表高1公里的地方，輻射的程度都是隨高度遞減，但是接著又開始隨高度遞增，在高空5公里處，輻射線的量居然是在地面上的兩倍。他對此總結：「一種穿透力非常強的射線從上而下進入我們的大氣層。」

為了更進一步了解，他甚至在1912年4月幾乎日全食的那一天，又登高探測了一次。他發現隨著太陽的消失，輻射線並沒有減少；因此輻射線不可能是來自太陽。赫斯發現了所謂的「赫斯射線」（Hess rays），後來也稱為「宇宙射線」（cosmic rays）——一種從外太空來的輻射線；電磁波和粒子流日夜不停地朝著我們落下。

加州理工學院，1932年

卡爾‧安德森在加工理工學院研讀物理和機械。1932年他利用改造的雲室（見第103頁）展開對宇宙射線的研究。他稱之為威爾森雲室（Wilson chamber），但後來這個雲室以安德森雲室（Anderson chamber）著稱。

1932年8月2日那天，正在為直立的威爾森雲室內的

宇宙射線形成的軌跡拍照時……拍到軌跡……對於這軌跡唯一合理的解釋是：存在一種帶正電的粒子，質量和一般自由電子的質量大約相同。

這是一張安德森雲室的關鍵性照片，橫在中央的是一片6公釐厚的鉛板。照片中顯示宇宙射線從底部射入強力磁場，然後向左彎曲，這足以證明該宇宙射線帶正電荷；因為如果帶的是負電荷，它會向右彎。接著，粒子穿過鉛板，帶著稍微耗損的能量從鉛板的另一面穿出，這也就是為什麼穿出後粒子彎曲的弧度更大。它之所以能穿越鉛板的障礙，又能夠穿越5公分厚的空氣，說明了這個粒子非常小──質子不可能行進這麼遠的距離。

這不是輕易就能得到的實驗結果。安德森拍攝並檢視了1300張照片，發現其中只有15張捕捉到類似的正宇宙射線的軌跡。

從這個實驗可以總結，一個帶正電電子的電量（自此後我們稱這樣的粒子為正電子〔positron〕），極有可能和一個帶負電的自由電子相同。

安德森雲室
14公分寬，1公分深

反物質

當一個反粒子跟和它相對應的普通粒子發生碰撞──例如一個電子和一個正電子──它們會互相消滅，釋放加馬射線。很顯然，在外太空中沒有由反物質組成的大塊區域，因為我們目前還沒有觀測到這樣的區域跟普通物質發生碰撞時，預期會產生的加馬射線。宇宙學中的一道大謎題就是：為什麼大霹靂產生的普通物質比反物質還要多？

學者：
弗里茨・茲維基
（Fritz Zwicky）
學科領域：
宇宙學
結論：
宇宙存在的質量遠超出可
見星體的總質量

重力如何束縛星系？

暗物質和失蹤的宇宙

弗里茨・茲維基曾是公認20世紀最聰明的天文物理學家，也是一位性格特異人士。這個脾氣古怪的天才是怎麼發現宇宙中的不可見物質呢？

茲維基生於1898年保加利亞（Bulgaria），父親是瑞士人，母親是捷克人。6歲時他被送往瑞士與祖父母同住，後來在那裡學商。不過很快地他因為興趣而轉讀數學和物理，1925年移民美國，在加州理工學院和羅伯特・密立坎（見第106頁）一起工作。就是在那裡他開始對天文學、天文物理和宇宙學產生興趣，並在這些領域發揮深遠的影響力。

超新星和中子星

1930年代初，茲維基和德國天文學家華特・巴德（Walter Baade）一起開始研究「新星」。茲維基當時已經有宇宙射線（見第138頁）是在恆星發生毀滅性大爆炸時所產生的想法，他稱這種大爆炸為超新星（supernova）。在接下來的52年，他和巴德發現了120顆超新星。這些超新星並不都是全新發現——第谷・布拉赫（Tycho Brahe）在1572年就觀察到了一顆——但當時沒人能解釋那是什麼。

1933年茲維基提出，一個典型的大恆星會以毀滅性的大爆炸來結束它的生命，同時發射出一道強光和宇宙射線。爆炸後的產物密度很高，所有的質子和電子會壓縮聚在一起形成中子（neutrons）。這個名為中子星（neutron stars）的產物非常小，也許半徑只有幾公

里，但密度高得難以想像。茲維基提出這個理論的前一年，中子才剛剛被發現，因此當時沒有人真正認同茲維基；這個情況要到1967年喬瑟琳・伯奈爾（Jocelyn Burnell）發現脈衝星（pulsars）後才有所改變。

茲維基具備非常奇特的頭腦和水平思考的能力。在他去世後，曾和他共事的天文學家史提芬・毛瑞爾（Stephen Maurer）寫道：「當科學家提到中子星、暗物質（dark matter）和重力透鏡效應（gravitational lens），他們開頭都會說：『茲維基在1930年代就注意到這個問題，可惜當時沒人把他的話聽進去……』」

一個星系裡含有多少質量？

1932年荷蘭天文學家揚・歐特（Jan Oort）曾提出，根據恆星運動的研究來看，在銀河系中實際存在的物質必定遠多於肉眼所能觀測的量，不過，後來證明他的測量是錯的。

在1933年，應用均功定理（virial theorem）來研究離我們3億2000萬光年遠的后髮座星系團（Coma cluster of galaxies），茲維基是科學界第一人。均功定理提供了一條數學方程式來闡述星系的軌道運行速度，與施加在它們上的重力兩者之間的關係。這條方程式在英文中稱作「virial」，源自拉丁文「vis」，意思是「力量」，由德國物理學家魯道夫・克勞修斯（Rudolf Clausius）在1870年率先為它下定義。

茲維基觀測這個星系團靠近邊緣那些星系的運動，推估出整個星系團的總質量。接著他又用另一個方法：根據星系團裡星系的數量和質量（從星系的亮度得知），估算出整個星系團的總質量。然後互相比較這兩個結果。

他發現，根據運動（均功定理）計算出來的總質量，大約是根據觀察光亮度所算出的總質量的400倍；僅靠可見物的質量不足以讓星系用這麼快的速度

運轉；一定有什麼東西被忽視了。透過這個「失蹤質量的問題」，茲維基推測星團中必定存在大量不可見的物質。他稱之為暗物質（dunkle Materie）。

神祕的物質

事實上，茲維基的估算相當不精準，不過，失蹤質量的問題並不因此消失，天文學家更發現了數量可觀的證據，足以支持他的論點。就算不是「大多數」星系，但在許多星系中發光物質的質量，是不足以支撐這麼快的星體運行速度的。看來似乎大部分的星系具有由暗物質組成、大致對稱的球暈狀結構，延伸在中央的發光盤面外。

重力透鏡（在1937年由茲維基首先提出這個效應）的發現，證實了看不見的暗物質存在：一大群物質的集中處——不管這些物質可見或不可見——將會扭曲時空（見第97頁），導致後方物體發出的光好像通過了一面透鏡一樣，不是被放大了、就是被扭曲了。有些情況下，這個透鏡效應大到不是只靠發光物質就能解釋的。

1960年代末到1970年代初期，維拉‧魯賓（Vera Rubin）測量出螺旋狀星系中星體軌道的運行速度，她發現大部分的星體運行速度大致相同，然而照理說，離中心　較遠的星體，速度應該會慢上許多才對。這就表示星系的質量密度，就算是在中央一群亮星的聚集範圍外，仍大致維持不變；大部分星系的質量必定是發光物質所能解釋的大約六倍。

在我們自己的銀河系，暗物質似乎比發光物質多了十倍。2005年，威爾斯（Wales）加的夫大學（Cardiff University）的天文學家聲稱發現到一個只有銀河系十分之一大、完全由暗物質組成的星系。

現在一般認為，宇宙中27%是暗物質，剩下的大部分是暗能量（dark energy，見第162頁）。

薛丁格的貓
是死的，還是活的？

量子力學的詭論

1935年

學者：
厄文‧薛丁格
（Erwin Schrödinger）
學科領域：
量子物理學
結論：
兩種可能性共存

一隻貓怎麼能同時又是死的又是活的？這是奧地利物理學家厄文‧薛丁格在1935年提出的反問。在這之前15年，各種理論物理學家和數學家已經解答了量子力學的細節問題。主要的兩位理論提出者是尼爾斯‧波耳和維爾納‧海森堡，他們在哥本哈根共同研究，成果是後來大家所稱的哥本哈根詮釋（Copenhagen interpretation of quantum mechanics，見第131頁）。然而，薛丁格認為把哥本哈根詮釋應用於日常宏觀物體，會產生一些問題。

波耳和海森堡提出一項稱作量子疊加（quantum superposition）的理論。若一個粒子（或光子）可以處在兩種狀態（或位置）的其中一種，在實際觀察它之前，是無法知道這個粒子到底是處於哪一種狀態的；此時，疊加理論描述這個粒子兩種狀態同時存在。然而在觀察的當下，系統不再處於兩種不同狀態，而會塌縮為其中一種。所以只有觀察者能決定粒子是在其中哪一種狀態。

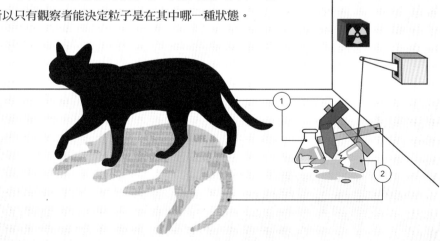

薛丁格不喜歡量子疊加的這種想法，於是他以臆想實驗點出其中的弔詭。

沒有傷害任何貓……

想像一隻貓被關進一個封閉的鋼製箱裡。箱內裝置有少許的放射性物質、一臺蓋革計數器和一個裝有致命氰化氫的燒瓶。假使放射性物質中的一個原子發生了衰變，偵測到衰變的蓋革計數器會啟動繼電器，導致箱內的榔頭打破這個含氰化氫的燒瓶，釋放毒氣，然後殺死貓。

放射性原子完全不可預測。在箱內的放射性原子也許下一秒鐘就發生衰變，也許過一年都不會。因此，既然沒有人知道箱子裡的狀況為何，也就沒有人知道（舉例來說）半小時後，這個原子是否已經衰變。根據量子疊加理論，此時這個原子既處於完整狀態，也處於衰變狀態。

觀察者的重要

不過，這也代表此時這隻箱子裡的貓既是死的也是活的，一直到觀察者打開箱子一探究竟為止。薛丁格認為這一點都不合理，在真實世界裡，量子疊加論顯得荒謬可笑。對於這個悖論，薛丁格寫道這是「為了避免讓我們採用籠統的模型，來代表真實的世界。真實世界不應含有任何的不清楚或矛盾」。

有些人會爭辯說這隻貓本身就是觀察者；牠知道原子是否已經爆炸——在還活著的時候。

尼爾斯‧波耳本人並不堅持觀察者的存在。對他來說，在任何人打開這個箱子之前，這隻貓早就不是死的，就是活的。他認為是蓋革計數器決定貓的生死。實際上，蓋格計數器就是一位觀察者。不過，這樣一來，事情有變得更合理嗎？對愛因斯坦來說並沒有。1950

年，在一封給薛丁格的信上他寫：

> 你是當今物理學家中唯一看得清：只要一個人是誠實的，
> 他就無法迴避假設的現實依據。大多學者簡直沒搞清楚
> 自己這麼玩弄現實，是多麼危險的行為——他們
> 視現實與實驗所建立的結果無關。然而，他們
> 的詮釋已被你那由放射性物質、機械裝置、
> 箱子內的貓……等所組成的系統優雅地駁
> 斥。把貓存在與否和觀察的動作切割開來
> ——竟沒有人真正質疑這個想法。

多世界詮釋

後來，其他科學家提出不同的量子力學詮
釋。1957年，休·艾弗雷特（Hugh Everett）提出
「多世界詮釋」（many worlds interpretation），
其中解釋當有兩個可能性時，這兩個可能性都
可以是事實。的確，所有可能發生的歷史和未
來都是事實。宇宙的數量很龐大，每一件可
能發生的事都已經發生了，不是發生在這
個宇宙，就是發生在別的宇宙。這個理
論解釋，當薛丁格的箱子一被打開，觀
察者和這隻（活或死的）貓都馬上一
分為二。在某個宇宙，觀察者看到一
隻活貓，而在另一個宇宙，另一個觀察
者看到一隻死貓——但是這兩位觀察者永
遠不會相遇或互相交流。

從那時候起，大家就對這個臆想實驗
不斷爭論，薛丁格的貓已變得世界知名，牠
是量子力學界最受歡迎的動物。

1939年

學者：
雷奧・西拉德（Leó Szilárd）
恩里科・費米（Enrico Fermi）

學科領域：
核子物理學

結論：
核反應會產生能量

核子物理怎麼導致原子彈的產生？

第一個核子反應爐

1933年，匈牙利物理學家雷奧・西拉德在泰晤士報讀到關於原子物理大老歐內斯特・拉塞福的演說內容，當時他人正好在英國。在這篇演說裡，拉塞福駁回利用核子反應來產生能量的可能性：「會說要從原子間的轉換來獲得能量的人，都是癡人說夢。」

令人恐懼的想法

這個演說惹惱了西拉德。9月12日那天清晨了無生氣又潮溼，他一邊走在倫敦布隆伯利（Bloomsbury）區的街道上，一邊憤憤不平地想著那場演說的內容。據傳當時他正在等紅綠燈，準備穿越大英博物館附近的南安普敦街（Southampton Row）。把腳踏出人行道外的那一刻，有個震天駭地的想法浮現他的腦中：假使能夠利用最新發現的中子來啟動一種反應——反應過程中，一個原子可以產生兩個中子，接著這兩個中子再啟動另外兩個同樣的原子反應，這其中再產生四個中子，然後再啟動八個反應……如此一來，就會產生一連串連鎖反應。

誠如理查・羅德茲（Richard Rhodes）在他的《製造原子彈》（The Making of the Atomic Bomb）

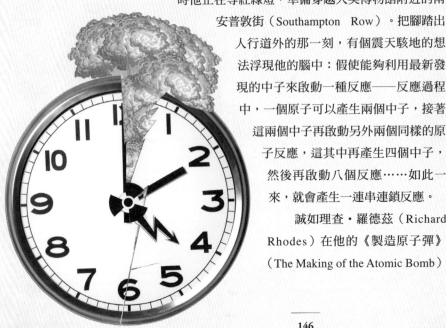

一書裡頭寫的那樣：「他橫越街道的那一刻，時光之門向他敞開，他看到通往未來的路，死亡降臨世界——他看到人類所有的災難和事情即將演變的樣子。」

才華洋溢的義大利人

在羅馬出生的恩里科‧費米不管在理論或實驗物理方面都有傑出的成就。1938年他因為研究「透過中子轟擊重原子來產生新元素」，贏得了諾貝爾物理獎。很不幸，這個「新元素」後來經證明完全不是新元素，只不過是核分裂的放射性產物。費米因為這件事出了糗，不過仍充滿自信。

1939年戰事逼近。西拉德和費米分別為躲避納粹和法西斯的迫害，而移民到美國。得知德國科學家極有可能正在製造原子彈的消息後，他們兩人聯合起來，也說服愛因斯坦一起簽署，寫信警告當時的美國總統羅斯福。

臨界質量

同時，其他的科學家已經發現鈾原子裂變（見第89頁）時，它會產生兩到三個的中子。他還發現，一個速度慢的中子已足夠讓鈾原子發生裂變。這兩件事加起來，就令真正的核連鎖反應發生的可能性大增。將臨界質量大小的鈾（大約是15公斤的純金屬，體積約比一個棒球稍大一點）和它所產生的中子放在一起，就會造成更多的裂變——而且這個反應將會勢不可當。

西拉德和費米著手建造全世界第一座核子反應爐。他們一同來到芝加哥大學，並計劃在遠離市區的紅門樹林（Red Gate Woods）建造核子反應爐，但是這項工程當時因為勞方罷工而擱淺；於是，他們改在一座廢棄運動中心下的壁球場建造「芝加哥1號堆」（Chicago Pile 1；CP1）；

　儘管如此，反應爐仍是在一個人口集中的廣大市區中心。

　　這是一項極度危險的實驗。西拉德、費米和其他的科學家事前小心翼翼計算每個環節，讓各個步驟都能完全在掌控中。因為萬一出了半點差錯，都可能會摧毀整個芝加哥。然而，在這之前，美國已被捲入世界大戰，所以核子反應爐的實驗也許值得冒險一試。

芝加哥1號堆

　　反應爐是由一堆粒狀鈾和石墨（graphite）磚堆構成。當時費米發現雖然釋放了中子，但是鈾原子裂變的速度太快，導致連鎖反應無法發生。石蠟（paraffin wax）或水可以把它們減速到幾乎靜止，因為中子會與石蠟或水中所有氫原子發生碰撞。然而，石墨卻是比較有效的緩衝劑，能將中子的速度減緩到恰好能再有效率地撞擊其他鈾原子。

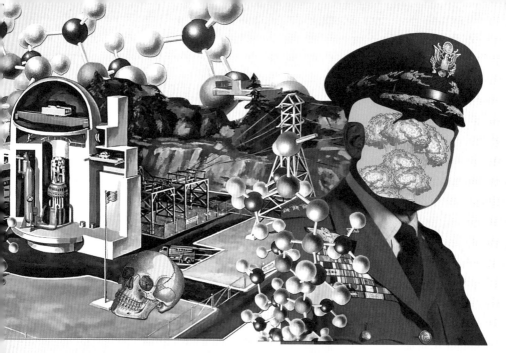

　　假如反應真的會如預期地開始，他們需要一套機制來減緩並停止反應；他們設計了一排由鉻和銦所做成的控制推桿，隨時都能推入插在反應爐的溝槽裡。由於鉻和銦會吸收中子，藉此特性，應該就能減緩並停止反應。

　　反應爐組裝時這些控制推桿是設在插入的位置。1942年12月2日下午3點25分，在這歷史性的一刻，科學家把控制推杆往上一拉，開始了芝加哥1號堆的臨界試驗，這是有史以來第一個人為控制的原子核連鎖反應。費米在28分鐘後終止實驗。

　　之後，這個反應爐被拆除運往紅門樹林，成了芝加哥2號堆（CP2），也就是之後的阿岡國家研究所（Argonne National Laboratory）。費米後來成為在洛色拉莫士（Los Alamos）曼哈頓計劃（Manhattan Project）的主持人；他於1945年在阿拉摩哥多沙漠（Alamogordo Desert）為第一顆原子彈測試其產生的能量。

第六部：探索宇宙
1940年-2009年

在本書頭幾部裡提到的科學家都獨自工作，建造屬於自己的實驗設備。隨著研究工作變得愈來愈困難、昂貴，科學家開始興建實驗室。大科學（Big Science）這類型計劃更是把科學界的研究規模往前推展不少。

想想托卡馬克（tokamaks）的發展——這是一種生產核融合（nuclear fusion）的環形機器。頭幾部機器原先是在冷戰期間由蘇聯祕密製造，但它不斷地進步和擴大，最後做出了位於英國的歐洲聯合環狀反應爐（Joint European Torus，JET）那樣大型的機器，技術進步到可以利用太陽系的最高溫來製造電漿（plasma）。不過，很快的，這座歐洲聯合環狀反應爐與即將蓋好的巨大國際熱核融合實驗反應爐（ITER）比起來，就

顯得不足為奇。

　　超廣角尋找行星（SuperWASP）計劃是結合了聰明才智和電腦大量計算能力的典型範例。不過最引人注目的合作研究計畫，仍要首推大型強子對撞機（Large Hadron Collider）的建造，它是有史以來最大、最複雜的儀器，。

　　1854年，路易‧巴斯德（Louis Pasteur）說：「在觀察的領域內，機會留給準備好的人。」1965年，一個美好的機運令科學家發現宇宙大爆炸的回音，在此之後兩年，類似的情況也讓喬瑟琳‧貝爾‧（Jocelyn Bell）發現了脈衝星（pulsars）——幸運和不屈不撓的精神一樣重要，這個發現促進了人類對黑洞（black holes）的探索。

1956年

學者：
伊戈爾‧葉夫根耶維奇‧
塔姆（Igor Yevgenyevich
Tamm）
安德烈‧迪米崔維奇‧沙卡
洛夫（Andrei Dmitrievich
Sakharov）
和許多其他人
學科領域：
核子物理學
結論：
未來核融合也許是可行的

星星能
誕生在地球上嗎？

托卡馬克的發展

　　1950年代以來，科學家已採用核分裂（nuclear fission）的方法來製造能量，但這種能量來源至今仍然很昂貴，而且反應所需的原料和產物都具有輻射線，因此產生了很多問題，例如失敗的危險、無法控制的熔化性災難、海嘯帶來的水患和恐怖分子的攻擊。更進一步來看，輻射廢料的長遠的安排處置並不容易。

　　核融合（nuclear fusion）也許提供了解決之道。

融合與分裂

　　核分裂是指反應條件容許較重的原子，通常是鈾（uranium）或鈽（plutonium），發生分裂，釋放出小粒子、原子序較小的原子和非常多的能量。

　　核融合是指將兩個小原子（例如氫）猛力撞在一起形成一個較大的原子，例如氦。這麼做有幾個優點：系統不會過熱和熔化，因為在任何時間，反應氣體總質量都不超過1公克；也因此，即使反應原料非常炙熱，熱量卻很微少，甚至不足以熔化鋼和陶製的牆。

　　處理核廢料時，因為它們不具強烈的輻射線，所以不會造成任何問題；而且核融合反應會產生比一般核分裂反應還大好幾千倍的能量。

　　太陽與所有恆星的能量都來自氫原子變成氦原子的核融合反應；因此，我們唯一要做的就是在地球上製造一顆星星。然而，成功的核融合反應牽扯到的物理和工程難度都極高。有人曾說，再30年，核融合反應爐就能

建造完成——不過這30年的到來似乎遙遙無期。但是，
這並沒有阻止人類朝這方面繼續努力。

先驅

　　最開始認真思考核融合反應的，是蘇聯科學家，不
過其中很多細節不為人所知，因為這些計劃始於冷戰期
間，當時這些都屬於國家機密。我們確切知道的是列夫·
阿齊莫維齊（Lev Artsimovich）是一位物理學家，曾是蘇
聯原子彈製作小組的一員。從1951年到1973年去世為止，
他一直是蘇聯核融合產能計劃的主持人。

　　他領導的團隊製造了有史以來第一個在
實驗室發生的核融合反應。在他被問到何
時要啟動第一座具實用性的熱核反應
爐，他回答：「在人類需要它的時
候，也許比我們想像中的更早。」阿
齊莫維齊被稱為「托卡馬克之父」。

　　托卡馬克是一種為核融合設計的反應
容器；原文「Tokamak」是縮寫；俄文的意
思是「磁性線圈的環形室」。可以想像成一
個充飽氣的橡皮圈或汽車輪胎。這種稱作環形
體（torus）的形狀，就是反應器的形狀。

　　最初幾個托卡馬克由伊戈爾·葉夫根耶維奇·
塔姆和安德烈·迪米崔維奇·沙卡洛夫設計，1956年
於莫斯科庫爾恰托夫研究所建造完成。1968年在新西伯
利亞（Novosibirsk），蘇聯科學家以大約攝氏1000萬度
的高溫，實現了第一次成功的核融合反應。在這之後一
年，這件事也經英國和美國物理學家確認無誤。

　　現在，在16個不同的國家，一共有30個托卡馬克正
在運作。目前最大的是位於英國卡勒姆（Culham）的歐

洲聯合環狀反應爐（Joint European Torus, JET），這個反應爐大到甚至能讓一個成年人輕鬆在裡面走動。

1983年6月25日，歐洲聯合環狀反應爐完成了首次的電漿製造，並在1997年產生了1600萬瓦特的核融合能量，雖然只維持不到一秒鐘。不過，要維持這樣的反應，歐洲聯合環狀反應爐所需投入的能量，會比產出的還要多，也因此它從未成為商業用途的發電廠。

電漿

要讓氫原子核結合形成氦原子核，必須讓氫原子核以極快的速度運動，促使它們以極高能量互相撞擊。為了要讓移動速度夠速，必須把它們加熱到極高溫，比如說攝氏1億度。

在這樣的溫度下，氫的氣體性質會改變，而成為電漿。簡單來說，反應時分子（H_2）分裂成原子（H·）；接著，電子脫離原子的束縛，留下自由電子和質子（氫離子H^+）快速地繞來繞去。這些粒子都帶有電荷，代表它們可以被包含在一個「磁瓶」（magnetic bottle）裡。

假如這些粒子撞擊反應器的壁面的話，會損失大部分的能量，還有可能嚴重損壞壁面；因此必須想辦法束縛這些粒子。束縛的方式可透過巨大的強力磁場。這個磁場以扭曲的方式設置於環狀體內，就像幾條繩子彼此纏繞、結合而成的繩環；這樣一來，它們在環狀體內就形成了螺旋。這個複雜的磁場在氫原子和壁面之間形成隔閡，不會傷害到壁面。

要取得核融合所產生的能量，主要的方式是經由流經反應室牆與牆之間的冷卻水，不過也可以藉由反應過程中產生的中子來得到，或是經由一種稱為能量直接轉換（direct energy conversion）的過程：加速的帶電粒子直接被轉換成電流，接著這個能量會被用來把水變成高溫蒸氣，之後再帶動渦輪，製造出電力；正如傳統發電廠的原理。

宇宙大霹靂有回音嗎？

發現宇宙微波背景輻射

1965年

學者：
阿諾·艾倫·彭齊亞斯
（Arno Allan Penzias）
羅伯特·伍德羅·威爾遜
（Robert Woodrow Wilson）
學科領域：
宇宙學
結論：
現在我們能繪製出宇宙年輕時
的全天圖

　　阿諾·彭齊亞斯出生於德國慕尼黑（Munich），但在1939年逃離家鄉，全家輾轉到紐約定居。得到物理學博士學位後，他到紐澤西的霍姆德爾鎮（Holmdel）貝爾實驗室工作，當時在同一實驗室裡還有德州來的物理學家羅伯特·威爾遜（Robert Wilson）。

　　他們一起利用高敏感度、15公尺長的微波喇叭形天線（接受器）來做研究。這個天線在1959年就已打造出來，目的是用來做電波天文學觀察，和將訊號從回聲氣球通訊衛星（Echo balloon satellites）彈回。他們希望透過它來研究從星系之間傳來的無線電訊號。

無線電雜音

　　他們把系統接通後，聽到一種無法解釋的無線電雜音——一種藏在背景裡的輕微嘶嘶聲。如果想要偵測原本希望聽到的那種微弱的訊號，他們知道他們必須消除這個雜音。

　　他們排除所有來自收音機和電視廣播的影響；接著消去接受器上的熱度干擾，他們利用液態氦把系統冷卻到攝氏零下269度。但仍然能聽到這個雜音。

　　一開始他們以為雜音必定來自紐約市——來自未消音的汽車火星塞——於是他們把喇叭天

線直接對準曼哈頓，但是嘶嘶聲並沒有變得比較大聲，這時他們明白過來，雜音必定來自天空。

他們懷疑是來自銀河系的輻射線造成的，但那樣又比他們原本預期的安靜得多，更令人不解的是，這種雜音似乎是從整個天空四面八方而來，且既不是來自太陽，也不是月亮。利用傳統的天文望遠鏡，我們只能夠看見從某些特定方向傳來的星光；在這些星光之間，天空是一片黑暗的。然而，這種輻射線到處都測得到，在輻射線訊號之間，並沒有像星光之間那種黑暗區。

鴿子的排泄物

想當然耳，他們還以為造成這種雜音的原因必定近在眼前——甚至很有可能就是從喇叭型接受器裡傳來的。於是他們查看了接受器裡面，發現有「白色的電介質」——換句話說，就是鴿子的排泄物。這很可能就是雜音的來源。於是他們先把這些排泄物清乾淨，再移除鴿棚。

嘶嘶作響的雜音卻還是跑了進來。

同時，在距離他們僅僅60公里遠的普林斯頓大學（Princeton University），羅伯特‧狄基（Robert Dicke）和他的同事吉姆‧皮布爾斯（Jim Peebles）及大衛‧威爾金森（David Wilkinson），剛準備好要尋找這類型的微波輻射；他們預測這類型的微波輻射很可能來自宇宙大爆炸。彭齊亞斯從他一個看過皮布爾斯未定稿論文的朋友那裡，聽到這個消息後，他和威爾遜才恍然大悟他們的發現有多重要。

彭齊亞斯立刻打電話給狄基，在看過皮布爾斯的論文後，便邀請狄基和他的同事到貝爾實驗室來一起討論他們的實驗數據。看來這些數據和普林斯頓團隊的預測吻合——「我們的進度被搶先了，」狄基說；於是，1965年他們將成果聯合發表在天文物理期刊（Astrophysical Journal）。

宇宙大爆炸的回聲

他們是正確的；彭齊亞斯和威爾遜所聽到的正是宇宙微波背景輻射（cosmic microwave background radiation；CMB），事實上就是宇宙大爆炸的回聲。

宇宙大爆炸釋放了一股猛烈而難以想像的能量到宇宙裡，其中有些能量最終濃縮成了物質。當宇宙只有38萬歲時，它變成透明的，而這股能量看起來必定像是幾十億個同時連續發生的閃光，其色溫大約是3000克耳文。攝影師用色溫來描述白熱度；攝氏500度是赤紅色；攝氏1500度是黃色；攝氏2727度是白色；太陽光大概是4727度。

宇宙年紀逐漸增加，137億年後變成今日我們所見的宇宙。這古老的光仍充斥全宇宙，不過因為宇宙膨脹速度很快，所以光產生了紅移（或冷卻），波長不斷位移，來到波譜中微波的範圍。我們現在看到的是以微波形式呈現、宇宙最古老的光——從大爆炸時遺留下來的光。微波波長是7.3公分，相當於黑體輻射溫度3克耳文（絕對零度以上3度）。

此發現為當時與宇宙穩態理論（stead state theory）較勁的大爆炸理論提供強而有力的證據。大爆炸理論預測了宇宙微波背景輻射的存在，而彭齊亞斯和威爾遜則將它找到了。

年輕宇宙的全天圖

雖然彭齊亞斯和威爾遜認為微波背景輻射具有等向性——也就是不管往哪個方向都一模一樣——但其實它的分布是些微不均勻的；這些區塊的溫度雖然在3克耳文上下不到千分之一之間震盪，但它的確是有變化。這張圖實際上是宇宙只有38萬歲時——也就是137.7億年前——的全天圖。

黃色，尤其是一塊塊的紅色區域代表光度比較密集的地方。就是在這些地方物質開始凝聚形成恆星，最終變成星系。這是我們擁有最好的年輕宇宙全天圖。

1967年

學者：
蘇珊・喬瑟琳・貝爾
（Susan Jocelyn Bell）
學科領域：
天文學
結論：
真的有黑洞

小綠人存在嗎？

脈衝星和黑洞

我們是怎麼發現黑洞的？1783年5月26日，英國一位學問淵博的牧師約翰・米契爾（John Michell）寫了一封長信給皇家學會的亨利・卡文迪西（見第57頁）。在這封信裡，他描述了一個比太陽還要大500倍的球體：

> 一個從無限高度朝著它往下掉的物體，在這個球體的表面會得到比光還快的速度；因此，假設光也被同樣的力量吸引……所有從這樣的球體發射出的光不得不被迫受它的重力，而回到球體的方向。

換句話說，米契爾當時就已經有了黑洞的想法，一種質量巨大的物體，甚至連光也無法從它的重力引力中逃逸。

在此之後短短13年，同樣的想法也出現在法國數學家皮爾－西蒙・拉普拉斯（Pierre-Simon Laplace）寫的《宇宙系統論》（Exposition du Système du Monde）這本書裡。

1915年愛因斯坦發表的廣義相對論重新燃起宇宙學的研究熱潮，連帶著也讓關於黑洞的想法死灰復燃。德國物理學家卡爾・史瓦西（Karl Schwarzschild）求出愛因斯坦場方程式（field equations）的數學精確解，具體說明了質點和球體質量的重力場。一些奇怪的現象會發生在後來稱為史瓦西半徑（Schwarzschild radius）的地方；也就是現在我們所稱的「事件視界」（event horizon）——一個物質可以進入，但沒有任何東西能從中逃出的球形曲隔界線。

那麼黑洞存在於數學解中，但現實中的黑洞存在嗎？

博士班學生

1967年，出生於北愛爾蘭（Northern Ireland）的天文學家喬瑟琳・貝爾，當時還是英國劍橋大學的研究生，她的任務是尋找類星體（又稱窺沙，quasars），那是一種神祕的新天體，而她的首要工作是將幾公里的電線串在木杆上，用來搭建一架電波望遠鏡──「我變得很擅長使用長柄大鐵槌，」她說。

在消除來自汽車和恆溫器等區域性的干擾後，她終於可以繼續尋找類星體的工作，不過就在那時候，她注意到一種不尋常的訊號──一點點小浮渣出現在她的圖表上。好幾次，她得半夜騎摩托車來到約10公里外的觀測站，最後，她終於清楚測得這不尋常訊號的放大訊號──一連串非常精準、相隔1.337秒的無線電脈衝訊號。

會是外星人的訊號嗎？

貝爾和她的指導教授，安東尼・休伊什（Antony Hewish），認為這樣具有規律性的訊號必定是人造的，不過，接著她發現這個訊號來自天空，而且還是來自天空中某個特定的點。

有一段時間，她認為這必定是從某個外太空文明傳來的，於是她稱之為小綠人1號（LGM-1, Little Green Men）。接著，就在聖誕節前，她發現了另外一個訊號，小綠人2號（LGM-2），這次這個訊號的尖峰相隔1.25秒。當然了，怎麼可能同時有兩個嘗試與我們接觸的外太空文明？

最後，他們弄明白了這些訊號來自中子星，在1934年就有科學家預測過這件事，不過，從來沒有人遇見過。中子星似乎是在一顆巨大的恆星塌縮後形成，完全是由中子組成，沒有電子來讓中子和中子之間保持一定距離，也因此中

子星密度異常大；一個直徑12公里的中子星的質量大約是太陽的兩倍。

這些被發現的是快速旋轉的中子星，一邊旋轉，一邊發射出橫掃宇宙的無線電波束，情況就類似燈塔所發出的光。後來它們成為我們所知的脈衝星。最初四個由貝爾發現，而現在我們已發現了2000多個脈衝星。

安東尼・休伊什（而不是喬瑟琳・貝爾）得到1974年諾貝爾獎。

那麼，真的有黑洞嗎？

科學家一發現中子星真的存在，就再度燃起對黑洞的研究興趣，因為中子星的發現讓天文物理學家有了證據，說明重力塌縮是可能發生的。黑洞不能直接觀察到，因為它們事實上不放射出任何光，雖然史蒂芬・霍金（Stephen Hawking）研究出黑洞會釋放非常微弱的紅外線訊號。然而，黑洞的存在可以從它對附近星體的影響而得知；比如說，有些星體在軌道上圍繞著黑洞。

在每一個星系的中央，包括我們自己的銀河系，甚至都存在一個質量巨大的黑洞。科學家觀察位於銀河系中央附近的90顆恆星，結果指出在那裡存在一個黑洞，質量大約是太陽的260萬倍。

似乎有好幾種大小的黑洞：有質量跟我們的月亮差不多的微型黑洞，有些像太陽一樣大，有些則是重量大數百萬倍的超重黑洞。黑洞似乎是在超重恆星塌縮後形成。小的恆星變成了中子星，而較大恆星則因為具有超多的質量，重力巨大到甚至能把中子壓縮成一個點，稱為奇點（singularity）。

宇宙正在加速嗎？

孤寂的未來

1998年

學者：
索羅·珀爾穆特
（Saul Perlmutter）
亞當·黎斯
（Adam Riess）
布萊恩·保羅·施密特
（Brian P. Schmidt）
和其他人
學科領域：
宇宙學
結論：
宇宙膨脹的速度愈來愈快

　　唯一施加在今天所有星系上的力是重力。雖然距離愈遠，重力愈微弱，但這股作用力一直存在。照理講，重力應該不間斷地逐漸把所有東西再次聚攏，所以宇宙膨脹應該愈來愈慢，最後甚至朝反方向進行。起始於大爆炸，這個宇宙應該會以大崩墜（Big Crunch）來結束，不過，這會發生在什麼時候呢？

　　索羅·珀爾穆特在1998年和美國、歐洲、智利20幾位科學家合作，啟動了超新星宇宙學計劃（Supernova Cosmology Project，SCP），目的是研究到底宇宙膨脹的速度減緩得有多快，並預測何時會發生大崩墜。

　　布萊恩·保羅·施密特和亞當·黎斯是澳洲國立大學（Australian National University）斯壯羅山天文臺（Mount Stromlo Observatory）高紅移超新星搜索隊（Hi-Z Supernova Research Team，HZT）的成員。「高紅移超新星」指的是離地球超級遙遠的超新星。高紅移超新星搜索隊計劃和超新星宇宙學計劃一樣，目標是找出到底宇宙膨脹減緩的速度有多快。

　　這兩個團隊的計劃都是要測量離地球非常遙遠的星系的距離，和它們的紅移現象。距離和紅移的關係可用哈伯定律來解釋。物體的距離愈遙遠，所發出的光就愈往波譜中紅端的方向位移。因為非常遙遠的物體所發出的光要經過幾十億年才能到達

我們這裡，比較它們的距離和紅移，科學家就能得知：在遙遠的過去宇宙膨脹的速度有多快。

他們需要找到距離非常遙遠的「標準燭光」——是一種已知光度的物體，從它們的視亮度，天文學家就能計算出該物體離地球的距離。他們選擇了某一種特別類型的超新星來當作標準燭光。這類稱作IA超新星的超新星，似乎是由於白矮星（white dwarf star）從伴星中得到太多的能量而爆炸的產物。

意想不到的結果

在1998年稍晚一些時候，這兩個團隊發表了研究成果，他們的結論都很令人意外。他們把這些超新星的距離與它們的紅移現象作了比較，以為會遵循哈伯定律，或者比哈伯定律預測的速度還要快。

出乎他們意料之外，這兩個團隊都發現這些遙遠超新星實際表現出的紅移，比依據距離計算出的預估紅移，明顯地小了許多。這代表幾十億年前，也就是當這些光因為爆炸而釋放出來的時候，這些星系移動的速度就比哈伯定律預估的速度還要慢。

換句話說，宇宙膨脹已經加速了。

暗能量

「暗能量」或「真空能量」（vacuum energy）的作用就像是輕微負壓——把宇宙撕開的一種真空。

宇宙學家告訴我們暗能量瀰漫了整個外太空，促使星系加快往外移動，宇宙膨脹的速度也就愈來愈快。現在他們認為宇宙中普通物質占5%；暗物質占27%；而暗能量則占68%。

為什麼我們在這裡？

生命、多重宇宙和所有的事

1999年

學者：
馬丁·雷斯
（Martin Rees）
史蒂芬·霍金
（Stephen Hawking）
和其他人

學科領域：
宇宙學

結論：
我們所能回答的仍比我們的
疑問還要少

我們為什麼在這裡？這個問題已經困擾了哲學家和科學家幾千年。英國皇家天文學家馬丁·雷斯在他1999年出版的《宇宙的六個神奇數字》（Just Six Numbers）一書中，定義出六個「構成宇宙的「『配方』」的數字……只要其中任一個數字沒有調整好，就不會有恆星，生命也不會出現。這個調整僅僅是一個無理性因素？一個巧合？還是出自一位仁慈的造物者之手？」

雷斯認為上述可能性都不對，他的見解是，也許有無限多的其他宇宙，在這些宇宙中這組數字是不一樣的。其他的宇宙也許有不同的物理定律；它們也許有不同的化學元素；或是不同的原子性質；它們也許沒有可以演化成生命的小分子。只有在這些數字是「對的」的宇宙，生命才得以演化。

在史蒂芬·霍金和倫納德·曼羅迪諾（Leonard Mlodinow）共同的著作《大設計》（The Grand Design）一書，他們用一鍋快煮開的水中的泡泡來打比方。許多小泡泡在鍋底出現，可是這些泡泡不斷爆開，這代表持續得不夠久，而未能發展出恆星和星系的宇宙，更遑論演化出有智慧的生命了。然而有些泡泡確實沒有爆開，這些泡泡慢慢變大，逐漸上升至水面，最後把蒸氣釋放出來——它們代表能夠進化的宇宙。

人本原理

「我們的宇宙對我們來說剛好適合，」這個想法就是所謂的人本原理（the anthropic principle）的一部分。

希臘文中「anthropos」的意思是「人類」。強勢人本主義認為，出於某些原因，這個宇宙不得不以現在這個形式存在，而人類在這樣的形式中得以演化。

溫和人本原理的一個版本則提出，在眾多可能存在的宇宙中，我們棲身在一個所有特質都適合我們的宇宙——恰好符合了雷斯六個數字的正確數值。

「人本原理」最先是由布蘭登·卡特（Brandon Carter）在1973年提出，但這個想法可以追溯到距當時100多年前。奧福雷·拉塞耳·華萊士（Alfred Russel Wallace）就是那位差一點因為先發表物競天擇演化論，而打敗查爾斯·達爾文的人。在1904年他寫道：

> 我們現知這個存在於我們四周、巨大且複雜的宇宙，也許絕對有存在的必要……為了要創造出一個世界，在這個世界裡，每一個細節都精確地由萬物適應，為的是讓生命有秩序地進化，最後達到生命的最高形式：人類。

「對」的宇宙是如何發生的？

雷斯用一間販售外套的店家來比喻。若進到這間店的顧客發現店裡有數量和樣式都非常豐富的存貨，那麼這名顧客找到合適外套的機率就非常大。同樣的，如果不只有一場宇宙大爆炸，而是有非常多的大爆炸，那麼就可以合理相信其中有一場爆炸產生了各方面條件都適合我們生存的宇宙。在某個不知名的地方，或許存在著數十個、數百個，甚至數百萬個其他的宇宙。

量子世界

光子似乎能夠經由兩條路徑來通過兩道不同的狹縫（見第64頁）。理查·費曼（Richard Feynman）說明這是因為在量子世界，光子沒有單一特別的經歷，反而是會採取每條可

能讓它走的路徑。宇宙的起源也許類似這種情況，先從每一種可能性開始，創造出各式各樣的宇宙，其中大部分的宇宙與我們的宇宙都有一定的差異。

這和修・艾弗雷特多世界量子力學詮釋非常接近。假如薛丁格的貓分別在不同世界有死掉和活著兩種不同狀態（見143頁），那麼貓也許就是身處不同宇宙——不過這也表示那個開箱的觀察者，透過打開這個動作創造了一個新宇宙。

不過話說回來，我們的宇宙幾乎龐大得無法想像。我們自己的星系有2000億個恆星，似乎大部分都有自己的行星。除了我們的星系外，至少還有1000億個其他的星系，每一個都有自己的恆星系統和（可能也存在的）行星。看起來似乎光為了我們，就有這麼多東西被創造出來，那麼，觀察者不過只打開箱子，就創造得了一個一樣可觀的世界嗎？

如果有其他宇宙，為什麼我們看不見？

一群在二維平面紙上爬的螞蟻，也許不知道在牠們上頭幾公分的地方有另外一張紙，上面有另外一群螞蟻。上面的那張紙就是另一個宇宙，但是，這張紙和第一張紙之間則被螞蟻無法進入的第三維空間所分開。

同理，也許在另一個我們無法進入的維數存在著其他宇宙，也許只有幾公分遠，但是我們沒有察覺。一種稱作M理論（M-theory）的複雜物理理論則提出一共有11個空間維數——多到能容得下其他的宇宙。

不過，從另一個角度來說，如果我們無論如何都不能和其他這些宇宙有任何交流，為什麼還要去想像它們的存在？奧坎簡化論建議我們應貫徹對任何現象都追尋最簡單解釋，因此我們應放棄這些關於虛構宇宙的想法。

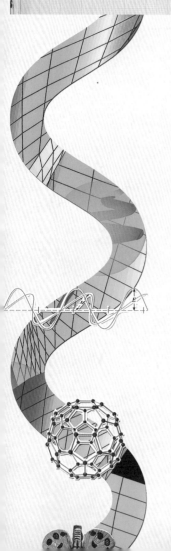

2007年

學者：
唐・波拉克（Don Pollacco）
和其他人

學科領域：
天文學

結論：
在我們銀河系裡，還有許多適合
居住的系外行星

宇宙裡只有我們嗎？

廣角和超廣角尋找行星計畫

1995年10月6日，在法國東南部上普羅旺斯天文臺（Haute-Provence observatory）工作的瑞士科學家密歇耳・麥耶（Michel Mayor）和迪迪埃・奎洛茲（Didier Queloz）對外宣布他們發現了一顆位於另一個類太陽系裡的行星，正式名稱是飛馬座51b（51 Pegasi b）。

這是人類發現的第一顆圍繞著普通恆星運轉的系外行星。飛馬座51b非常大，比木星還大，並且異常地靠近它的母恆星，軌道週期只有四天多。之所以會發現飛馬座51b是因為它的重力引力效應造成它的母恆星來回搖擺，也就是這顆母恆星的光譜線呈現週期性的都卜勒位移（見第69頁）。

地球外的地方可能有生命嗎？

一發現系外行星真的存在，天文學家就開始積極尋找。如果我們在宇宙中不是孤單地存在，那麼也許在一顆類似地球的行星上就能找到生命。像地球這麼一個小小、地形多變的行星，具有介於攝氏0度到60度的宜居帶溫度（Goldilocks zone；不太冷也不太熱），能讓液態水存在於星球表面。

但對行星獵人來說，有個大難題是行星不發光。恆星易見，但行星又小又暗，且常被母恆星光芒遮蔽而不見。

把光擋住

唐・波拉克和他在北愛爾蘭伯發斯特女皇大學（Queen's University, Belfast）的同事想出一個簡單的解決辦法。他們認為外太空也許有很多系外行星，這麼多行星的其中一個，也許在環繞母恆星運轉時，會偶然從這個母恆星的

前方經過，於是遮住母恆星部分光芒。這樣他們就能直接利用這一點，只觀測恆星，同時特別留意恆星光度週期性出現些微降低的現象，因為這代表可能有行星從這顆恆星前經過。

數位相機

這個足智多謀的團隊購買了四個裝有200公釐f/1.8佳能鏡頭的高科技數位相機。他們與劍橋大學、加那利天體物理研究所（Instituto de Astrosica de Canarias）和艾薩克・牛頓望遠鏡集團（Isaac Newton Group of Telescopes）合作，將這些相機架在位於西屬撒哈拉（Western Sahara）外海的帕馬（La Palma）加那利群島（Canary Islands）一座山頂上的纖維玻璃小屋裡。他們把這項計劃命名為廣角尋找行星計劃（Wide-Angle Search for Planets，WASP）。之後女皇大學和公開大學（Open University）提供了更多的研究經費，於是他們利用這些經費又買了四組相機，並把這個計劃重新命名為超廣角尋找行星計劃（SuperWASP），於2002年開始正式啟動。

可是還有一些問題。當時佳能已不製造最初適用那四臺相機的200公釐鏡頭型號；於是波拉克得上eBay才買到對的鏡頭。

他們將這八臺相機全部架在一部機器手臂上，並調整到讓這些相機拍攝的角度彼此之間有些微不同，這樣一來，這些相機瞄準的範圍就能包含大範圍的天空。

恆星的照片

這八臺相機全都各拍兩張曝光時間不同的照片，之後，機器手臂擺盪到不同的位置，讓這些相機朝向天空的另一塊新區域再拍攝兩張照片，就這樣不斷重複，一直到這些照片把整個天空都拍下為止。之後機器手臂會返回起始位置。

夜間，這些相機拍了約600張照片。每張照片包含了多達十萬顆恆星。和天文星表對照後，超廣角尋找行星計劃將照片

上的恆星一一辨識出來。接著科學家測量每顆恆星的亮度。幾個月後，這些科學家尋找亮度有變暗的恆星，因為這代表也許有顆行星正從恆星前經過。

最明顯的遮蔽效應來自超大行星。如果這個遮蔽效應經常發生的話，就非常容易觀測到——也就是說，如果這顆行星與母恆星非常靠近，而且軌道週期極短，就會造成遮蔽效應沒幾天就發生一次。這類被稱為熱木星（hot Jupiters）、類似飛馬座51b的系外行星還滿常見的，不過這些星球有生命存在的希望不大；因為這些行星溫度太高，液態水很難存在於星球表面；而且對生命體來說，重力效應也太過龐大。

系外行星大集合

超廣角尋找行星計劃在2007年宣布第一個由這個計劃發現的系外行星：WASP-1；它是一個軌道週期只有2.5天的熱木星。另一顆WASP-12b則非常靠近母恆星，所以行星上的溫度高達約攝氏1500度，而且因為強大的重力引力，星球的形狀被拉得有點像美式足球。不到2015年，超廣角尋找行星計畫已經發現100多個系外行星。

也許受到超廣角尋找行星計劃成功的激勵，美國國家太空總署（NASA）在2009年發射了一個名叫克卜勒（Kepler）的太空船。這艘太空船連續觀測了14萬5000顆恆星，特別留意其中的遮蔽效應，也發現了超過1000顆的系外行星，另外還有3000顆可能的系外行星。

天文學家現在認為大部分的恆星都極可能有自己的行星系統。單單我們的銀河系內就可能有多達110億個像地球一樣擁有宜居帶溫度，布滿岩石的星球。當然，引用達爾文的說法，在這110億個行星中的某個星球上，「某個溫暖的小小池塘裡」可能有某種活的生命體。

我們能發現
希格斯玻色子嗎？

大型強子對撞機

2009年

學者：
彼得·希格斯
（Peter Higgs）
和來自100個國家的1萬
2000位科學家
學科領域：
粒子物理學
結論：
很有可能已經找到了希格斯
玻色子

粒子物理學家竭盡所能試圖了解構成原子的基本粒子。大部分的人對於由質子、電子和中子構成的模型解釋就已感到滿意，不過，粒子物理學家發現了一整批更小的粒子，從微中子（neutrinos）到夸克（quarks）——粒子物理學家也創造了一整套新的語言——而且幾十年來物理學家已用它們來建立所謂的「標準模型」（standard model）。

1964年蘇格蘭愛丁堡大學的彼得·希格斯預言在標準模型的範疇內，應該有一種賦予其他粒子質量的粒子。這個粒子應是玻色子（boson），不過一直沒有人找到它，也因此，這個粒子成了「現代物理中最受歡迎的粒子」。

對撞機

粒子行進的速度愈快，能造成的損害就愈大——或許也可以揭發愈多的秘密。因此物理學家想盡辦法將粒子加速到極高速。首先，他們利用了靜電加速器（electrostatic accelerators），之後採用直線型加速器（linacs）。在直線型加速器中，這些互相接連的每一個電場都能分別再把粒子往前推動，使這些粒子可以連續加速。

當一束粒子接近其中的一片電極板，會被電極板上相反的電性所吸引，不過隨著粒子快速通過板上的小洞，這些板上的電性反了過來，因此，現在電極板對這些通過的粒子產生排斥推力，將粒子加速往下一個電極板推進——這個過程會在整個加速器裡持續進行。

後來又有了類似把直線型加速器彎曲成圓的迴旋加速器（cyclotron）。在這個加速器裡，粒子因電磁鐵作用而不斷地進行圓周運動，速度一次比一次快，直到動能到達約1500萬電子伏特為止。同步加速器（synchrotron）是更先進的迴旋加速器，在這種加速器中導軌磁場（guilding magnetic field）與粒子束同步化操作。

大型強子對撞機

從技術層面來說，強子（hardon）是一種由夸克通過強作用力束縛在一起的粒子。質子——氫的內核（H+）——是一種強子。而大型強子對撞機的主要功能是透過直線型加速器和同步加速器來加速強子，特別是質子。

法國和瑞士邊界南方約100公尺處有一個大約4公尺寬，27公里長，近乎圓形的隧道，裡面放置了一對直徑約10公分的質子束管。每個質子束管裡分別有一束質子不斷沿著管壁快速向前衝，一束順時針繞圈，另一束則逆時針繞圈。這些質子束管組成非常龐大的同步加速器。

在進入質子束管前，這些質子已經由一個直線型加速器和三個同步加速器加速；在質子束管裡，它們持續加速長達20分鐘，一直到這些質子的速度達到光速的99.99999%——每秒只比光速慢3公尺。在這個速度下，這些粒子具有4兆電子伏特的動能（和戴維森和革末所用的50電子伏特形成對比）。每個質子每秒鐘繞這個27公里長的圓1萬1000次。

環繞著環形加速器運行的同時，質子束由1600個超導磁鐵（superconducting magnets）來控制其方向和聚焦。這些超導磁鐵每個重量約30公噸，全都透過96公噸的液態氦來將磁鐵溫度冷卻到攝氏零下271度。

在環狀加速器內共有四個實驗碰撞點；在這些碰撞點，兩條管道合而為一，造成兩條往相反方向運行的質子束彼此激烈碰撞，這也正是發生反應的地方，因此實驗碰撞點周圍

設置了各種用來觀測反應碎片的偵測器。

　　當對撞機滿功率運行，每秒會產生數百萬次碰撞，而每一次碰撞又產生一連串的粒子，然後這些粒子又再由偵測器自動觀察並記錄下來，幾乎就像是座高科技版的雲室（見第104頁）。如此一來，實驗就產生了數目驚人的數據，於是這些數據再經由專用網格計算（computing grid），交給分布在36個國家的170臺電腦來分析。

　　第一次對撞發生在2009年11月23日，在此之後的幾個月內，大型強子對撞機就已經以滿功率運作。

目標

　　物理學家希望知道到底是不是真的存在希格斯玻色子（Higgs boson），同時也開始認真研究粒子物理學上一些重要的未知事物——例如尋找似乎占了宇宙25%的神祕暗物質，和「超對稱」（supersymmetry）物理理論中預言的一些新粒子——這些粒子是標準模型的延伸，目的是解決一些尚未解決的問題。

結果

　　到目前為止，科學家已發現幾個新的複合強子粒子（composite hadron particles）。他們已經觀察到夸克膠子漿（quark-gluon plasma），學界認為這種狀態存在於宇宙大霹靂後的最初幾微秒。他們還觀察到一種似乎能證明「超對稱」不存在的稀有粒子衰變。更重要的是，他們已看到能支持難以捉摸的希格斯玻色子的證據。

　　這就是大型強子對撞機碰撞出的成果。

索引

名詞解釋

M理論——粒子物理學中一種從弦理論延伸而來的概念，目的是為宇宙中所有的粒子和能量提出解釋。

正子——一種反物質粒子，類似電子，但是帶的是正電。

光子——光能的單位，一個光波包。

光電效應——光束照射金屬時，從金屬發射出電子的效應。

光譜儀——測量原子光譜的儀器。

多相——利用三個或三個以上的電導體來傳輸交流電的系統。

自旋——量子力學中，一個粒子的角動量。

系外行星——我們太陽系之外的行星，沒有繞著我們的太陽運行。

事件視界——黑洞的邊界；任何東西都可以進入，但是沒有東西可以從中逃逸出來，甚至連光線也不能（雖然黑洞的確會釋放微弱電磁波，稱作霍金輻射）。

阿法粒子——氦的內核，由兩個質子和兩個中子組成。

紅移——波長變長，或頻率變慢。

閃爍光——粒子打在磷光屏上釋出的閃光。

國際單位——測量的國際單位制。

陰極射線——在真空中，從陰極射出的電子。

超對稱——粒子物理學中標準模型的延伸。超對稱理論預言每一個粒子都有與之相對應的粒子。

暗物質——看不見的物質，似乎占了宇宙總質量的84.5%。

鈾——一種具放射線的重金屬元素。

電漿——物質主要的三種狀態是固體、液體和氣體。電漿是第四種狀態；在這種狀態下，所有的粒子呈現游離態（例如火屬於電漿態）。

慣性參考系——一個靜止或同方向等速行進的空間，沒有任何加速度。

熱偶——一種測量溫度的儀器，由連結在同一點的兩種不同金屬組合而成。

藍移——波長變短，或頻率變快。

疊加——在量子力學哥本哈根詮釋中，一個粒子可以同時處在兩種或兩種以上的狀態。

謝誌

我要感謝Silvia Langford邀請我寫下這麼多老朋友的故事。感謝Slav Todorov；特別感謝Michael Berry爵士幫助我了解難懂的狹義相對論。最後，我要感謝之前的同事Paul Bader、Marty Jopson和John Francas介紹我認識這麼多古代的科學家。

參考文獻

第一部 Kingsley, Peter. *Ancient Philosophy, Mystery and Magic: Empedocles and Pythagorean Tradition* (Oxford, UK: Oxford University Press, 1995).

"On Floating Bodies" in *The Works of Archimedes*, ed. Heath, T. L., Cambridge, 1897 (New York: Dover Publications, 2002).

Chambers, James T. "Eratosthenes of Cyrene" in Magill, Frank N. ed., *Dictionary of World Biography: The Ancient World* (Pasadena, CA: Salem Press, 1998).

Sabra, A. I., ed., *The Optics of Ibn al-Haytham* (Kuwait: National Council for Culture, Arts and Letters, 1983, 2002).

Harré, Rom. *Great Scientific Experiments: 20 Experiments that Changed our View of the World* (Oxford UK: Phaidon, 1981).

第二部 Norman, Robert. *The Newe Attractive* (London: Ballard, 1581).

Galilei, Galileo. *Discorsi e Dimostrazioni Matematiche Intorno a Due Nuove Scienze* (Leiden: Louis Elsevier, 1638).

Pascal, Blaise. *Experiences nouvelles touchant le vide (New experiments on the vacuum)* (1647).

Boyle, Robert. *New Experiments Physico-Mechanical: Touching the Spring of the Air and their Effects* (1660).

Newton, Isaac. *Philosophical Transactions of the Royal Society of London* 6 (1671/2): 3075–3087.

(Rømer, Ole. Never officially published.)

Newton, Isaac. *Philosophiae Naturalis Principia Mathematica (The mathematical principles of natural philosophy)* (London, 1687).

Derham William. "Experimenta & Observationes de Soni Motu, Aliisque ad id Attinentibus (Experiments and Observations on the speed of sound, and related matters)." *Philosophical Transactions of the Royal Society of London* 26 (1708): 2–35.

Black, Joseph. Lecture, April 23, 1762, University of Glasgow.

第三部 Maskelyne, Nevil. "An Account of Observations Made on the Mountain Schehallien for Finding Its Attraction. By the Rev. Nevil Maskelyne, BDFRS and Astronomer Royal." *Philosophical Transactions of the Royal Society of London* (1775): 500–542.

Cavendish, Henry. "Experiments to Determine the Density of the Earth. By Henry Cavendish, Esq. FRS and AS." *Philosophical Transactions of the Royal Society of London* (1798): 469–526.

Volta, Alessandro. Letter to Sir Joseph Banks, March 20, 1800. "On the Electricity Excited by the Mere Contact of Conducting Substances of Different Kinds." *Philosophical Transactions of the Royal Society of London* 90 (1800): 403–431.

Young, Thomas. "The Bakerian lecture: On the theory of light and colours." *Philosophical Transactions of the Royal Society of London* (1802): 12–48.

Cayley, George. "Sir George Cayley's governable parachutes." *Mechanics Magazine*, September 25, 1852.

Faraday, Michael. "On some new electro-magnetical motions, and on the theory of magnetism." *Quarterly Journal of Science* 12 (1821).

Doppler, Christian Andreas. "On the colored light of the double stars and certain other stars of the heavens." *Abh. Kgl. Böhm. Ges. d. Wiss.* (Prague) (1842): 465–482.

Joule, James Prescott. "On the Mechanical Equivalent of Heat." *Abstracts of the Papers Communicated to the Royal Society of London* (1843): 839–839.

Fizeau, Hippolyte, and Léon Foucault. "Méthode générale pour mesurer la vitesse de la lumière dans l'air et les milieux transparents. Vitesses relatives de la lumière dans l'air et dans l'eau" (General method for measuring the speed of light in air and transparent media. Relative speed of light in air and in water.) *Compt. Rendus* 30 (1850): 551.

Bessemer, Henry. *Sir Henry Bessemer—FRS, An Autobiography* (London: The Institute of Metals, 1905).

第四部 Michelson, Albert A., and Morley, Edward W. "On

the Relative Motion of the Earth and the Luminiferous Ether." *American Journal of Science* 34 (1887): 333–345.

Röntgen, W. C. "Über eine neue Art von Strahlen" (On a New Kind of Rays). *Sitzungsberichte der Würzburger Physik-medic. Gesellschaft* (1895).

Thomson, Joseph John. "XL. Cathode rays." *The London, Edinburgh, and Dublin Philosophical Magazine and Journal of Science* 44, no. 269 (1897): 293–316.

Curie, P. and Curie, M. S. "Sur Une Nouvelle Substance Fortement Radio-Active, Contenue Dans La Pitchblende" (On a new radioactive substance contained in pitchblende). *Comptes Rendus* 127 (1898): 175–8.

Tesla, Nikola. *Colorado Springs Notes 1899–1900* (Beograd: Nolit, 1978).

Einstein, Albert. "Zur Elektrodynamik bewegter Körper." *Annalen der Physik* 17 (1905): 891.

Geiger, Hans, and Ernest Marsden. "LXI. The laws of deflexion of α particles through large angles." *The London, Edinburgh, and Dublin Philosophical Magazine and Journal of Science* 25, no. 148 (1913): 604–623.

Onnes, H. Kamerlingh. "The disappearance of the resistivity of mercury." *Comm. Phys. Lab. Univ. Leiden*; No. 120b, 1911. Proc. K Ned. Akad. Wet. 13, (21911) 1274.

Wilson, Charles Thomson Rees. "On a method of making visible the paths of ionising particles through a gas." *Proceedings of the Royal Society of London. Series A, Containing Papers of a Mathematical and Physical Character* 85, no. 578 (1911): 285–288.

Franck, J. and Hertz, G. "Über Zusammenstöße zwischen Elektronen und Molekülen des Quecksilberdampfes und die Ionisierungsspannung desselben" (On the collisions between electrons and molecules of mercury vapor and the ionization potential of the same). *Verhandlungen der Deutschen Physikalischen Gesellschaft* 16 (1914): 457–467.

第五部 Einstein, Albert

"Die Feldgleichungen der Gravitation" (The Field Equations of Gravitation). *Königlich Preussische Akademie der Wissenschaften*. 1915: 844–847.

Rutherford, Ernest. "LIV. Collision of alpha particles with light atoms. IV. An anomalous effect in nitrogen." *The London, Edinburgh, and Dublin Philosophical Magazine and Journal of Science* 37, no. 222 (1919): 581–587.

Dyson, Frank W., Arthur S. Eddington, and Charles Davidson. "A determination of the deflection of light by the sun's gravitational field, from observations made at the total eclipse of May 29, 1919." *Philosophical Transactions of the Royal Society of London: A Mathematical, Physical and Engineering Sciences* 220, no. 571–581 (1920): 291–333.

Gerlach, W., and O. Stern. "Der experimentelle Nachweis der Richtungsquantelung im Magnetfeld." *Zeitschrift für Physik* 9 (1922): 349.

Friedman, Alexander. "*Über* die Krümmung des Raumes." *Zeitschrift für Physik* 10 (1922): 377–386.

Lemaître, Georges. "Un Univers homogène de masse constante et de rayon croissant rendant compte de la vitesse radiale des nébuleuses extra-galactiques." *Annales de la Société Scientifique de Bruxelles* 47 (1927): 49.

Hubble, Edwin. "A relation between distance and radial velocity among extra-galactic nebulae." *Proceedings of the National Academy of Sciences* 15, no. 3 (1929): 168–173.

Davisson, Clinton, and Lester H. Germer. "Diffraction of electrons by a crystal of nickel." *Physical review* 30, no. 6 (1927): 705.

Heisenberg, Werner. "Über den anschaulichen Inhalt der quantentheoretischen Kinematik und Mechanik." *Zeitschrift für Physik* 43, no. 3–4 (1927): 172–198.

Anderson, Carl D. "The positive electron." *Physical Review* 43, no. 6 (1933): 491.

Schrödinger, Erwin. "Die gegenwärtige Situation in der Quantenmechanik (The present situation in quantum mechanics)." *Naturwissenschaften* 23 (49) (1935):

807–812.

第六部 Fermi, E. "The Development of the first chain reaction pile." *Proceedings of the American Philosophical Society* 90 (1946): 20–24.

Bondarenko, B. D. "Role played by O. A. Lavrent'ev in the formulation of the problem and the initiation of research into controlled nuclear fusion in the USSR." Phys. Usp. 44 (2001): 844.

Penzias, Arno A., and Robert Woodrow Wilson. "A Measurement of Excess Antenna Temperature at 4080 Mc/s." *The Astrophysical Journal* 142 (1965): 419–421.

Hewish, Antony, S. Jocelyn Bell, J. D. H. Pilkington, P. F. Scott, and R. A. Collins. "Observation of a rapidly pulsating radio source." *Nature* 217, no. 5130 (1968): 709–713.

Cameron, A. Collier, F. Bouchy, G. Hébrard, P. Maxted, Don Pollacco, F. Pont, I. Skillen et al. "WASP-1b and WASP-2b: two new transiting exoplanets detected with SuperWASP and SOPHIE." *Monthly Notices of the Royal Astronomical Society* 375, no. 3 (2007): 951–957.

Rees, Martin. *Just Six Numbers* (London, Weidenfeld & Nicolson, 1999).

Gianotti, F. ATLAS talk at "Latest update in the search for the Higgs boson." CERN, July 4, 2012.

Incandela, J. CMS talk at "Latest update in the search for the Higgs boson." CERN, July 4, 2012.

Aad, Georges, T. Abajyan, B. Abbott, J. Abdallah, S. Abdel Khalek, A. A. Abdelalim, O. Abdinov et al. "Combined search for the Standard Model Higgs boson in p p collisions at s= 7 TeV with the ATLAS detector." *Physical Review D* 86, no. 3 (2012): 032003.